Selbstständigkeit wagen

Prof. Dr. Joachim Tanski
Andreas Schreier
Steffen Thoma
Axel Singler

Inhalt

Teil 1: Existenzgründung

Die Informationen sammeln — 9
- Warum in die berufliche Selbstständigkeit? — 10
- Chancen und Risiken abwägen — 10
- Welche Voraussetzungen Sie erfüllen müssen — 13
- Was Sie vor der Existenzgründung alles wissen sollten — 19

Das Konzept erstellen — 31
- Wie Sie den Unternehmensplan erstellen — 32
- Was Sie bei der Wahl der Rechtsform beachten sollten — 40
- Wie Sie den richtigen Standort wählen — 52
- Wie Sie Ihren Umsatz planen — 58
- Wie Sie den Kapitalbedarfsplan und den Liquiditätsplan erstellen — 63

Die Eröffnung vorbereiten 73
- Die Finanzierung planen und Bankengespräche führen 74
- Welche Anmeldeformalitäten Sie erfüllen müssen 87
- Worauf es bei Personalplanung und Lieferantenauswahl ankommt 93
- Wie Sie Ihr Unternehmen bekannt machen 100

Das Geschäft führen 105
- Was Sie fürs Finanzamt tun müssen 106
- Analyse der ersten Erfolge 116
- Wie Sie auf Planabweichungen reagieren können 123
- Special: Der Gründungszuschuss 126

- nützliche Adressen 128

Teil 2: Businessplan

Der Businessplan – so wird er Ihr Schlüssel zum Erfolg — 131
- Was ist ein Businessplan? — 132
- Was haben Sie von einem Businessplan? — 135
- Wann brauchen Sie einen Businessplan? — 137
- Arten, Aufbau und Umfang — 139
- Exkurs: Entwicklungsphasen von Unternehmen — 144
- 10 goldene Regeln für einen guten Businessplan — 148
- Das können Sie von Gründern lernen — 153

Die Bausteine eines guten Businessplans — 157
- Schritt für Schritt zum Businessplan — 158
- Deckblatt und Inhaltsverzeichnis — 159
- Zusammenfassung — 160
- Produkt- und Unternehmensidee — 162
- Managementteam — 172
- Markt und Wettbewerb — 178
- Marketing und Vertrieb — 187
- Unternehmensform — 206
- Finanzplanung — 209
- Risikobewertung und alternative Szenarien — 223

So beginnen Sie die Umsetzung 227
- Das sind die ersten Schritte 228
- Bereiten Sie eine Kurzfassung vor 230
- So erstellen Sie Ihre Präsentation 234
- Erfolgreich präsentieren 237
- Externe Geldquellen erschließen – darauf schauen Investoren 239

- Wertvolle Adressen 248

Teil 1: Existenzgründung

Vorwort

Sie wollen bald in die Selbstständigkeit starten oder planen langfristig, mit Ihrer Geschäftsidee ein eigenes Unternehmen zu gründen? Dann brauchen Sie neben der erforderlichen Fachkenntnis und einer gehörigen Portion Energie auch das Wissen, wie Sie es von vornherein richtig anpacken. Denn es sind immer wieder die gleichen Fallstricke, die junge Unternehmen scheitern lassen.

Dieser TaschenGuide vermittelt Ihnen schnell einen Überblick über die wichtigsten Schritte und klärt Sie über die Chancen und Risiken einer Existenzgründung auf. Sie erfahren, wie Sie Ihre Unternehmung fundiert planen können, wie Sie an das nötige Geld kommen und welche Behördengänge zu erledigen sind. Daneben finden Sie Tipps für die Eröffnung Ihres Betriebs und Ihre ersten unternehmerischen Handlungen.

Dieser Leitfaden profitiert von den Erfahrungen erfolgreicher Existenzgründungen in Zusammenarbeit mit der Fachhochschule Brandenburg. Mit ihm wollen wir Ihnen Mut machen, Ihre Ideen in einer eigenen Firma umzusetzen. Wir wünschen Ihnen dazu viel Erfolg.

Joachim S. Tanski,
Andreas Schreier und
Steffen Thoma

Die Informationen sammeln

Eine Existenzgründung will gründlich überlegt und gut vorbereitet sein. Damit sich am Ende auch wirklich der Erfolg einstellt, müssen Sie die Chancen und Risiken einer Firmengründung sorgfältig gegeneinander abwägen.

Im folgenden Kapitel erfahren Sie,

- welche Vor- und Nachteile mit der Selbstständigkeit verbunden sind,
- welche persönlichen Eigenschaften und fachlichen Kenntnisse Sie als Unternehmer brauchen und
- welche Überlegungen Sie zur Vorbereitung der Existenzgründung anstellen sollten.

Warum in die berufliche Selbstständigkeit?

Es gibt viele gute Gründe, sich selbstständig zu machen. Vom Bedürfnis, den unternehmerischen Tatendrang zu befriedigen, über den Wunsch nach einem höheren Einkommen, oder weil man der Frustration im derzeitigen Beruf entkommen und unabhängig sein will.

Typische Gründungsmotive sind:

- eine bestandene Meisterprüfung,
- ein geeigneter Geschäftspartner,
- momentane Arbeitslosigkeit,
- die Entwicklung einer tragenden Geschäftsidee,
- die Entdeckung einer Marktnische,
- günstige Konjunkturaussichten,
- Vermögensbildung,
- Familientradition.

Chancen und Risiken abwägen

Selbstständig zu sein bietet zahlreiche Vorteile gegenüber einem abhängigen Beschäftigungsverhältnis. Die wichtigsten Vorteile einer beruflichen Selbstständigkeit sind:

- Sie sind wirtschaftlich unabhängig und haben keine Anweisungen eines Vorgesetzten zu befolgen.
- Ihr Einkommen wird sich erhöhen.

- Sie können sich Ihre Arbeitszeit frei einteilen.
- Sie können Ihre eigenen Ideen verwirklichen und Ihre Kreativität nutzen.
- Sie können steuerliche Vorteile nutzen.
- Sie können Ihre gesammelten Erfahrungen einbringen.

Die Geschäftsidee ist wesentlich

Bei all Ihren persönlichen Motiven und Vorteilen steht eines immer im Mittelpunkt – die Idee. Jeder Existenzgründer, der bleibenden Erfolg will, benötigt eine durchschlagende Geschäftsidee.

Sollte Ihnen diese zündende Idee noch fehlen, gehen Sie offenen Auges durch die Welt: Schauen Sie sich z. B. beim nächsten Auslandsaufenthalt nach einer geeigneten Idee um, die sich zu kopieren lohnt. Ihre Idee kann auch eine neue Erfindung oder die Weiterentwicklung eines bestehenden Produktes sein. Viele Möglichkeiten für eine erfolgreiche Selbstständigkeit bietet auch verstärkt der Dienstleistungssektor. Natürlich besteht immer die Gelegenheit, sich mit einem traditionellen Betrieb oder mit einer schon vorhandenen Geschäftsidee eine eigene wirtschaftliche Existenz aufzubauen.

Wo liegt der Schlüssel zum Erfolg?

In jedem Fall müssen Sie sich von Ihrer Geschäftsidee wirtschaftlichen Erfolg versprechen, bevor Sie sich mit dem Gedanken tragen, diese Idee mit Hilfe einer Firma zu vermarkten. Dabei sollten Sie immer bedenken: Ihre Geschäftsidee setzt sich auf dem Markt nur dann durch, wenn Sie mit Ihrer Idee bestehende Kundenbedürfnisse befriedigen oder neue Wünsche wecken können.

Erfolgreiche Ideen zeichnen sich dadurch aus, dass sie

- ihrer Zeit voraus sind,
- Kundenprobleme lösen,
- besser sind als bestehende Angebote.

Ein besseres Angebot können Sie z.B. erreichen durch

- eine höhere Qualität,
- eine bessere Beratung,
- mehr Freundlichkeit,
- schnellere Lieferzeiten,
- Spezialisierung.

Wollen Sie aus Ihrer Idee auch bald einen finanziellen Nutzen ziehen, wird Ihnen das nur gelingen, wenn Sie an Ihre Idee wirklich glauben. Meist ist es sinnvoller, eine Idee zu verwerfen, die Sie nicht hundertprozentig vertreten.

Wann Sie sich nicht selbstständig machen sollten

Eine Unternehmensgründung ist immer mit einem hohen Risiko verbunden und hat ganz andere Dimensionen als nur ein Wechsel der Arbeitsstelle. Prüfen Sie deshalb vorab, ob die Existenzgründung der richtige Weg für Sie ist.

Gehen Sie nicht in die Selbstständigkeit, wenn

- Sie keine Eigenmittel besitzen,
- Sie das Unternehmerrisiko scheuen,
- eine Selbstständigkeit durch Ihren momentanen Arbeitsvertrag verboten ist,
- Sie kein Unternehmertyp sind,
- Ihnen die fachlichen Voraussetzungen für eine erfolgreiche Umsetzung Ihrer Idee fehlen.

Ob Sie ein Unternehmertyp mit ausreichendem fachlichen Wissen sind, können Sie mit Hilfe der Checklisten im folgenden Kapitel testen.

Welche Voraussetzungen Sie erfüllen müssen

Bevor Sie sich selbstständig machen, sollten Sie testen, ob Sie dieser Herausforderung gewachsen sind. Eine erfolgreiche Existenzgründung hängt auch wesentlich von Ihren persönlichen Eigenschaften und Fähigkeiten ab. Besonders in der Gründungsphase, aber auch in den ersten Jahren Ihrer Existenz, entscheiden Ihre Leistungsbereitschaft und Leistungsfähigkeit über Erfolg und Misserfolg Ihrer Gründung.

Persönliche Eigenschaften

Vergewissern Sie sich, dass Sie wirklich von Ihrer eigenen Idee und deren erfolgreichen Umsetzung überzeugt sind. Ein fester Wille und ein starker Glaube an Ihre Fähigkeiten und an den Erfolg sind wichtige Voraussetzungen, um später wirklich erfolgreich zu sein. Prüfen Sie so selbstkritisch wie möglich, ob Sie die in diesem Kapitel gestellten Fragen überwiegend mit einem „Ja" beantworten können.

Die wichtigste Frage vorab: Wollen und können Sie auf ein sicheres und regelmäßiges Einkommen in den ersten Jahren nach der Gründung Ihres Unternehmens verzichten?

Checkliste: Persönliche Eigenschaften

	Ja	Nein
Glauben Sie an Ihren Erfolg?	☐	☐
Besitzen Sie Ausdauer, und können Sie Rückschläge verkraften?	☐	☐
Können Sie andere von Ihren Ideen überzeugen?	☐	☐
Haben Sie ein gesundes Selbstwertgefühl?	☐	☐
Erreichen Sie Ihre selbstgesteckten Ziele auch ohne Druck von Vorgesetzten?	☐	☐
Sind Sie kompromissfähig, besitzen aber, wenn es darauf ankommt, auch Durchsetzungskraft?	☐	☐
Geben Sie eigene Fehler zu und lernen aus diesen?	☐	☐

- Nehmen Sie auch einmal fremde Hilfe und Ratschläge von anderen an? ☐ ☐
- Sind Sie kontaktfreudig? ☐ ☐
- Können Sie sich in die Probleme anderer hineindenken? ☐ ☐
- Fühlen Sie sich imstande, komplexe Probleme zu lösen? ☐ ☐
- Gehen Sie auch einmal ein kalkulierbares Risiko ein? ☐ ☐
- Sind Sie kreativ? ☐ ☐
- Sind Sie zuverlässig und bereit, Verantwortung zu übernehmen? ☐ ☐
- Sind Sie diszipliniert und können Ihr Verhalten gut steuern? ☐ ☐
- Besitzen Sie Flexibilität und Spontaneität? ☐ ☐
- Fühlen Sie sich körperlich fit und belastbar genug, um den hohen Arbeitseinsatz der ersten Jahre zu verkraften? ☐ ☐
- Halten Sie die Stresssituation auf Dauer auch psychisch aus? ☐ ☐

Fachliche Voraussetzungen

Die Anforderungen, die heute an die Unternehmer gestellt werden, sind sehr hoch, und oft wird Ihnen ein umfangreiches fachliches und kaufmännisches Wissen abverlangt. Eine gute Ausbildung, Berufs- und eine gewisse Lebenserfahrung sind daher sehr hilfreich. Bevor Sie Ihr eigener Chef werden, sammeln Sie daher wenn möglich erst Erfahrungen als Arbeitnehmer. Machen Sie sich mit den Aufgaben vertraut, die Sie später in Ihrem Unternehmen eigenverantwortlich lösen müssen. Achten Sie aber auf sogenannte Konkurrenzklauseln in Ihrem Arbeitsvertrag. Solche Klauseln können Ihnen für eine bestimmte Zeit nach dem Ausscheiden eine Betätigung im gleichen Marktsegment verbieten.

Fragen Sie sich also noch bevor Sie Ihre fachliche Qualifikation prüfen immer:

- Gibt es in Ihrem Arbeitsvertrag Klauseln, die es Ihnen verbieten, sich unmittelbar selbstständig zu machen?
- Erfüllen Sie die gesetzlichen Voraussetzungen, um selbstständig tätig werden zu können?

  Lesen Sie dazu bitte auch das Kapitel „Welche Anmeldeformalitäten Sie erfüllen müssen".

Auch die folgenden Fragen sollten Sie überwiegend mit „Ja" beantworten können.

Checkliste: Fachliche Voraussetzungen

	Ja	Nein
▪ Haben Sie Verkaufstalent, und ist Ihnen die Vertriebsarbeit vertraut?	☐	☐
▪ Konnten Sie sich ein Mindestmaß an kaufmännischer Qualifikation aneignen?	☐	☐
▪ Verfügen Sie über Führungsqualitäten?	☐	☐

	Ja	Nein
■ Haben Sie sich mit der Entwicklung der Branche, in der Sie sich selbstständig machen wollen, auseinandergesetzt?	☐	☐
■ Kennen Sie die neuesten Produkte und Dienstleistungen Ihrer Mitbewerber?	☐	☐
■ Können Sie Ihre Beziehungen zu Kunden, die Sie noch aus Ihren Zeiten als Angestellter kennen, weiter nutzen oder wiederherstellen?	☐	☐
■ Haben Sie Kontakte zu Mitanbietern aus Ihrer Branche und zu ehemaligen Kollegen?	☐	☐

> Die wichtigste fachliche Voraussetzung ist der Besitz einer ausreichenden Berufs- und Branchenerfahrung.

Das familiäre Umfeld ist wichtig

Unterschätzen Sie die Bedeutung Ihres familiären Umfelds nicht! In vielen Fällen hat der Ehepartner bzw. Lebensgefährte einen entscheidenden Einfluss auf den unternehmerischen Erfolg. Es erleichtert Ihnen die Arbeit, wenn Sie wissen, dass Ihr privates Umfeld Sie psychisch und vielleicht auch finanziell unterstützt und Sie mit Problemen nicht allein lässt.

Checkliste: Familiäres Umfeld

	Ja	Nein
■ Ist Ihre Familie zur Unternehmensgründung positiv eingestellt?	☐	☐
■ Können Sie von Ihrem Ehepartner oder Lebenspartner Hilfe erwarten?	☐	☐

- Kann Ihre Familie und Ihr Freundeskreis lange Arbeitszeiten oft auch am Wochenende akzeptieren? ☐ ☐
- Können Sie auf Urlaub verzichten? ☐ ☐
- Haben Sie zeitliche und finanzielle Verpflichtungen durch Verbands- oder Vereinsarbeit bzw. durch Hobbys? ☐ ☐
- Können und wollen Sie diese bei Bedarf aufgeben? ☐ ☐
- Kann auf Ihr Einkommen vorübergehend verzichtet werden? ☐ ☐
- Können Sie vom laufenden Einkommen Ihres Lebenspartners den gemeinsamen Lebensunterhalt bestreiten? ☐ ☐
- Verfügen Sie über genügend Vermögensreserven? ☐ ☐
- Besitzen Sie im Notfall Vermögensgegenstände, die Sie veräußern bzw. beleihen können? ☐ ☐
- Können Sie von Freunden oder Verwandten persönliche Darlehen erhalten? ☐ ☐

Haben Sie einen Geschäftspartner?

Um das für die Gründung und den Erhalt Ihres Unternehmens notwendige Kapital aufbringen zu können, müssen sich viele Existenzgründer einen Geschäftspartner suchen. Auch die Arbeitsteilung kann ein guter Grund sein, sich mit einem

Partner zusammenzuschließen. Denken Sie daran, dass Sie in der Regel alle Entscheidungen gemeinsam treffen. Eine gute Zusammenarbeit und gegenseitiges Vertrauen sind also äußerst wichtig, damit Ihre Geschäftsbeziehung über viele Jahre erfolgreich bestehen bleibt. Beachten Sie bei der Partnerwahl daher Folgendes:

Checkliste: Eigenschaften des Geschäftspartners

	Ja	Nein
▪ Können Sie miteinander arbeiten?	☐	☐
▪ Verstehen Sie sich auch auf menschlicher Ebene gut?	☐	☐
▪ Ist auf Ihren Partner auch in Krisensituationen Verlass?	☐	☐
▪ Ergänzen sich Ihre Stärken und Schwächen?	☐	☐
▪ Hat Ihr Partner fachliche Kompetenz?	☐	☐
▪ Besitzt Ihr Partner gegebenenfalls ausreichendes Kapital?	☐	☐

Was Sie vor der Existenzgründung alles wissen sollten

Wie Sie typische Fehler vermeiden

Wer um die typischen und folgenschweren Fehler bei Existenzgründungen weiß, ist auch schon auf dem besten Weg, sie zu vermeiden. Eignen Sie sich deshalb rechtzeitig Ihr Wissen über mögliche Probleme und Fehlerquellen an, und nutzen Sie die Erfahrungen von Experten und anderen Selbstständigen. Denn immer wieder führen gerade bei Erstgründern vermeidbare Fehler zu kritischen Situationen oder gar zum Scheitern der Unternehmung.

Die wichtigsten Fehlerquellen auf einen Blick:

1 Mängel in der Finanzierung führen am häufigsten zur Insolvenz von jungen Unternehmen.
2 Auch eine falsche Einschätzung der Marktentwicklung kann Ihre Existenzgründung scheitern lassen.
3 Die falsche Beurteilung des Marktes verleitet oft zur Überschätzung der Betriebsleistung.
4 Mangelnde kaufmännische und unternehmerische Erfahrung können Ihre Unternehmung gefährden.
5 Eine schlechte oder fehlerhafte Planung des Unternehmenskonzeptes kann sich später negativ auswirken.
6 Ein nicht zu unterschätzender Faktor beim Scheitern einer jungen Firma sind Familienprobleme.
7 Mangelnde Kenntnis von Verträgen und Vorschriften kann zu folgenschweren Verpflichtungen oder fatalen Fristenversäumnissen führen.

1 Solide Finanzierung sichern

Ist Ihre Finanzierung nicht solide, können Sie leicht in Zahlungsschwierigkeiten geraten – und das Risiko für Ihre Unternehmung steigt.

Mängel in der Finanzierung entstehen meist durch eine fehlerhafte oder auch nachlässige Finanzplanung. Viele Gründer wählen ein falsches Finanzierungsmodell für Ihre Investitionen aus. Vermeiden Sie es, Ihr Eigenkapital mit zu viel Fremdkapital zu ergänzen. Laufen Ihre Geschäfte schlecht und können Sie Ihre Raten nicht zurückzahlen, kann es passieren, dass Sie keine weiteren Überbrückungskredite mehr bekommen oder im schlimmsten Fall die Bank Ihre Kredite kündigt. Ein weiterer Tipp: Bezahlen Sie Investitionen für das Anlagevermögen nie mit kurzfristigen Krediten, da diese in der Regel besonders teuer sind.

> Anschaffungen, die dem Unternehmen längerfristig dienen, sollten Sie nur durch Eigenkapitalanteile oder langfristige Darlehen finanzieren.

Auch eine unzureichende Ermittlung des notwendigen Kapitalbedarfs kann zu Finanzierungsproblemen führen. Unterschätzen Sie die Zeitspanne zwischen der Geldausgabe beim Einkauf der Materialien und der Geldeinnahme bei der Bezahlung durch den Kunden nicht; Sie dürfen nicht damit kalkulieren, dass Ihre Rechnungen immer pünktlich bezahlt werden. Daher sollten Sie die Vorfinanzierung der Aufträge in der Kapitalbedarfsplanung unbedingt berücksichtigen. Häufig fehlt in jungen Unternehmen auch noch ein Mahnwesen, so dass offene Rechnungsbeträge viel zu spät angemahnt werden. Durch den Einsatz eines entsprechenden Softwareprogramms lässt sich dieser Fehler jedoch leicht vermeiden.

> Planen Sie Ihren kurzfristigen Kapitalbedarf lieber etwas höher, als er tatsächlich von Ihnen berechnet wurde, und mahnen Sie fällige Rechnungsbeträge regelmäßig an.

2 Die Mitbewerber nicht unterschätzen

Besonders am Anfang ihrer Tätigkeit als Unternehmer wissen viele Gründer noch zu wenig vom Marktgeschehen. So schätzen sie z.B. die Nachfrage nach ihrem Produkt oder ihrer Dienstleistung oft zu hoch ein. Probleme in der Finanzierung sind nicht selten die Folge, da aufgrund überhöhter Absatzerwartungen geplante Umsatzerlöse ausbleiben.

Bedenken Sie auch, dass Ihre Mitbewerber nicht schlafen. Man wird Ihr Unternehmen nicht ungehindert auf den Markt lassen. Durch Preissenkungen, durch Sonderangebote und verbesserten Service wird man versuchen, Ihnen den Markteintritt zu erschweren.

> Zur Bestimmung realistischer Nachfragemengen sollten Sie vor dem Beginn Ihrer eigentlichen Tätigkeit immer eine Marktanalyse durchführen oder sich Vergleichsdaten von der Industrie- und Handelskammer oder der Handwerkskammer besorgen.

Überblick über die Situation in Ihrer Branche können Sie sich auch durch die Lektüre von Fachzeitschriften, den Besuch von Fachmessen und durch Kontakte zu ehemaligen Arbeitskollegen verschaffen.

3 Die Betriebsleistung realistisch planen

Die Nichtnutzung von Maschinen, die aufgrund der erwarteten hohen Nachfrage großzügig geplant wurden, verursacht oft hohe Kosten. Gerade in der Anfangszeit können solche Auslastungsprobleme Ihr Unternehmen mit kurzfristig nicht beeinflussbaren Kosten stark belasten.

4 Buchführung und EDV nicht vernachlässigen

Eine exakte und regelmäßige Buchführung von Anfang an lohnt sich. Buchführung ist nicht – wie viele Jungunternehmer meinen – ein Faktor, der nur Zeit und Geld kostet und nichts einbringt. Denn, einmal abgesehen von den Buchführungspflichten – über die Sie im Kapitel „Was Sie fürs Finanzamt tun müssen" informiert werden –, erfüllt sie nicht nur für das Finanzamt ihren Zweck: Mit ihrer Hilfe lässt sich Ihr Unternehmen überwachen und steuern, und Sie können eine günstige Kalkulation Ihrer Angebotspreise erreichen.

> Wollen Sie eine falsche Buchführung oder einen fehlerhaften EDV-Einsatz vermeiden, so holen Sie rechtzeitig Rat ein. Besuchen Sie Weiterbildungskurse der IHK oder der Handwerkskammer und sammeln Sie vor Beginn Ihrer Selbstständigkeit kaufmännische Erfahrungen.

Bei Fragen zur Buchführung stehen Ihnen auch Steuerberater, Buchführungsbüros und Beratungsstellen an Hochschulen zur Verfügung. Bei Problemen mit der EDV wird Ihnen sicherlich Ihr EDV-Händler weiterhelfen können.

5 Das Unternehmenskonzept sorgfältig planen

Fehler bei der Planung des Unternehmenskonzepts können sich später negativ auf das Unternehmen auswirken. Typische Fehlentscheidungen bei der Unternehmensplanung sind:

- Die Auswahl der falschen Betriebsstätte.
- Fehleinschätzung von Standort und Größe des Unternehmens.

  Lesen Sie hierzu auch das Kapitel „Wie Sie den richtigen Standort wählen".

- Die Auswahl der falschen Marketingstrategie.

  Durch geschickt eingesetztes Marketing können Sie sich von Ihren Mitbewerbern absetzen und Kunden gewinnen. Informationen hierzu finden Sie im Kapitel „Wie Sie Ihr Unternehmen bekannt machen".

- Die Auswahl der falschen Organisationsstruktur.

  Sie können nicht alles allein bewältigen. Übertragen Sie Verwaltungsaufgaben an geeignete Mitarbeiter.

- Die Auswahl der falschen Arbeitskräfte.

  Legen Sie in Ihrem Unternehmenskonzept ein genaues Anforderungsprofil für Ihre zukünftigen Mitarbeiter fest, und prüfen Sie, ob die Bewerber Ihren Anforderungen entsprechen.

- Die Auswahl der falschen Rechtsform.

  Lassen Sie sich bei der Rechtsformwahl nicht nur von Haftungsbeschränkung und vermeintlichen Steuervorteilen leiten. Wichtige Auswahlkriterien für Ihre optimale Rechtsform finden Sie im Kapitel „Was Sie bei der Wahl der Rechtsform beachten sollten".

> Um diese Fehler bei der Planung zu verhindern, sollten Sie Ihre Planungsüberlegungen immer schriftlich festhalten und auf ihre Realisierbarkeit hin überprüfen.

6 Sichern Sie sich die Unterstützung Ihrer Familie

Auch wenn Sie von Ihrer Familie und Ihren Freunden zu Beginn der Selbstständigkeit voll unterstützt wurden, die Begeisterung kann schnell verpuffen, wenn erst einmal Probleme auftreten und der Stress immer größer wird. Der

Gründer steht dann häufig vor dem Problem, sich für die Familie oder das Unternehmen entscheiden zu müssen.

Bereiten Sie Ihre Familie deshalb schon im Vorfeld auf mögliche Schwierigkeiten vor. Vergessen Sie nicht, dass auch Ihre Familie und Ihre Freunde den anfänglichen Belastungen gewachsen sein müssen.

7 Vorschriften beachten – Verträge gründlich lesen

Leichtfertiges Abschließen von Verträgen, Vorschriften, die nicht eingehalten werden, oder versäumte Fristen sind typische und oft folgenschwere Fehler für junge Unternehmen. Lassen Sie sich vor der Gründung beraten, und holen Sie sich möglichst viele Informationen.

- Achten Sie auf die richtige Gestaltung der Miet-, Kauf-, Gesellschafts- und Arbeitsverträge. Hierbei hilft Ihnen ein Rechtsanwalt oder Notar.
- Prüfen Sie, ob die Gründungsformalitäten auch vollständig erfüllt sind. Gehen Sie hierfür nach den Listen im Kapitel „Welche Anmeldeformalitäten Sie erfüllen müssen" vor.
- Schließen Sie einen optimalen Versicherungsvertrag ab.

Wie Sie sich gegen Risiken absichern können

Wie im privaten Bereich, so gibt es auch im Unternehmen einige nicht kalkulierbare Risiken, die zu einem Vermögens- und Einkommensverlust bzw. zu einer Einschränkung Ihrer Gesundheit führen können. Zur Reduzierung dieser Risiken gehört daher auch ein ausreichender Versicherungsschutz.

Bedenken Sie, dass Sie zum Abschluss von einigen Versicherungen auch gesetzlich verpflichtet sind (z. B. die Kfz-Haftpflichtversicherung und in vielen Fällen auch die Produkthaftpflicht). Bevor Sie sich Angebote von Versicherungsgesellschaften einholen, ist es ratsam, Ihre persönlichen und betrieblichen Risiken zu analysieren. So können Sie gezielter Informationen einholen. Prüfen Sie daher, welche der folgenden Versicherungen Sie für Ihr Unternehmen abschließen sollten.

1 Die Betriebshaftpflichtversicherung

Als Unternehmer haften Sie für alle Personen-, Sach- und Vermögensschäden, die von Ihrem Unternehmen verursacht werden. Zur Minderung dieses Haftungsrisikos ist der Abschluss einer Betriebshaftpflichtversicherung ratsam. Denn diese Versicherung regelt alle Schäden, die von Ihnen als Unternehmer oder von Ihren Mitarbeitern während der Arbeit verursacht werden.

2 Die Rechtsschutzversicherung

Eine Rechtsschutzversicherung übernimmt alle Kosten, die Ihnen bei eventuellen Rechtsstreitigkeiten entstehen können (wie Rechtsanwaltsgebühren oder Gerichtskosten).

3 Die Feuer- und Sturmversicherung

Eine Feuerversicherung benötigen Sie, um sich vor Brand-, Blitzschlag- und Explosionsschäden abzusichern. Schäden, die durch einen Sturm (mindestens Windstärke acht) bzw. Hagel und deren Folgen entstehen, werden durch eine Sturmversicherung abgedeckt.

4 Die Berufsunfähigkeitsversicherung

Können Sie durch eine schwere Krankheit oder einen Unfall Ihre Tätigkeit als Unternehmer dauerhaft nicht mehr ausüben, so erhalten Sie aus der Berufsunfähigkeitsversicherung eine zusätzliche Rente.

5 Die Betriebsunterbrechungsversicherung

Führt ein Sachschaden (z.B. durch Feuer oder Diebstahl) zu einer Betriebsunterbrechung, so werden die weiterhin anfallenden Kosten, wie z.B. Löhne, Mieten oder Kreditzinsen und ggf. auch der entgangene Gewinn durch die Betriebsunterbrechungsversicherung getragen.

> Sie können sich nicht gegen alle unvorhersehbaren Gefahren absichern. Dies wäre einerseits zu teuer, andererseits praktisch nicht durchführbar. Sie sollten daher nur jene Risiken absichern, die Ihnen die Fortführung des Unternehmens unmöglich machen könnten.

Wie Sie an Informationen kommen

Lassen Sie sich von den vielen Fehlern, die Sie als Jungunternehmer begehen können, nicht schrecken. Die meisten Fehler lassen sich vermeiden, wenn Sie sich rechtzeitig informieren. Eine gute Beratung spart viel Geld und macht Sie souveräner in Ihren Entscheidungen.

> Scheuen Sie sich nicht, professionelle Hilfe in Anspruch zu nehmen! Eine verspätete Beratung kann Ihre Firma unter Umständen sogar die Existenz kosten.

Dies gilt auch für die ersten Jahre nach der Gründung. Ein unabhängiger Berater sieht Chancen und Probleme objektiver und kann Sie besser vor Schwierigkeiten warnen. Er hilft Ihnen bei problematischen Entscheidungen, deren Bedeutung Sie vielleicht noch nicht abschätzen können.

Denken Sie aber daran: Eine Beratung führt nur dann zum Erfolg, wenn Sie bereit sind,

- offen über alle Probleme zu reden,
- dem Berater die notwendigen Unterlagen und Daten auszuhändigen und
- das erarbeitete Konzept in Ihrer Firma auch umzusetzen.

> Ein seriöser Fachmann wird Ihre Angaben vertraulich behandeln und Ihnen vor Beratungsbeginn einen Überblick über die möglicherweise anfallenden Kosten geben.

Hier erhalten Sie Informationen

- in den Beratungsstellen an Hochschulen
- bei den Berufsgenossenschaften
- beim Bundesministerium für Wirtschaft
- bei den Bürgschaftsbanken der Länder
- bei den einzelnen Fachverbänden und Vereinigungen
- beim Finanzamt
- beim Gewerbeamt Ihres Orts
- bei der für Sie zuständigen Handwerkskammer
- bei der Industrie- und Handelskammer Ihres Bezirkes
- bei den Investitionsbanken der einzelnen Bundesländer
- bei den Krankenkassen

- bei der KfW-Bank
- in den einzelnen Kreditinstituten
- bei Notaren und Rechtsanwälten
- bei Steuerberatern
- in den Technologie- und Gründerzentren
- bei den freien Unternehmensberatern
- bei den einzelnen Versicherungsunternehmen

Was kostet die Beratung?

Die Kostenhöhe ist oft abhängig vom Umfang des Beratungsbedarfs, von der Dauer der Beratung und der Komplexität der Aufgabe, die an den Berater gestellt wird. Eine Beratung muss aber nicht teuer sein. Besonders die Industrie- und Handelskammern, die Handwerkskammern, die Technologie- und Beratungsstellen der Hochschulen sowie die Technologie- und Gründerzentren bieten kostenlos bzw. gegen eine geringe Teilnahmegebühr Schulungen und Informationsveranstaltungen an. Diese dienen meist der allgemeinen Orientierung und sind der erste Schritt in Richtung einer erfolgreichen Existenzgründung.

Je weiter Sie auf Ihrem Gründerweg voranschreiten, umso größer wird auch Ihr Beratungsbedarf werden. Verzichten Sie nicht aus Angst vor hohen Beraterkosten auf eine persönliche Beratung. Denn für Beratungen, die gegen Entgelt vor einer Gründung in Anspruch genommen werden, gibt es verschiedene Förderprogramme von Bund und Ländern. Auch wenn Sie diese Beratungskosten vor Antragstellung der Fördermittel ggf. zunächst selbst bezahlen müssen, so erhalten Sie doch später einen Teil als öffentlichen Zuschuss zurück. Also lassen Sie sich beraten!

> Die Voraussetzungen für die Inanspruchnahme und die Konditionen der Förderprogramme erfahren Sie beim Bundesministerium für Wirtschaft in Berlin (siehe Abschnitt „Nützliche Adressen").

Das Konzept erstellen

Die Vorüberlegungen sind erledigt. Jetzt ist es an der Zeit, Ihre Ideen zu einem aussagefähigen Unternehmenskonzept zu entwickeln, das klar, überzeugend und realistisch ist.

In diesem Kapitel erfahren Sie,

- wie Sie den Unternehmensplan erstellen,
- welche Rechtsformen für Unternehmen zur Verfügung stehen,
- wie Sie den richtigen Standort wählen,
- wie Sie Ihren Umsatz planen und
- wie Sie die Finanz- und Liquiditätsplanung durchführen.

Wie Sie den Unternehmensplan erstellen

Als Existenzgründer müssen Sie einen ganzen Katalog von Kriterien beachten, über die man schnell den Überblick verlieren kann. Allein dafür ist eine Planung äußerst hilfreich. Eine richtige Unternehmensplanung ist unerlässlich,

- um die optimale Gestaltung Ihres Unternehmens zu finden,
- um existenzgefährdende Fehler zu erkennen und zu vermeiden,
- als Argumentationsbasis bei Kreditverhandlungen mit Ihrer Bank,
- als Leitlinie bei der Umsetzung Ihrer Geschäftsidee,
- als Vergleichswert bei der Kontrolle des Fortschritts Ihrer Unternehmensgründung; auf diese Weise werden Sie Probleme rechtzeitig erkennen.

> Der Unternehmensplan macht nur Sinn, wenn er in sich schlüssig ist. Dies wird nur dann der Fall sein, wenn Sie bereits beim Erstellen der Teilpläne auf die bestehenden Wechselwirkungen zu den anderen Plänen achten.

Wie gehen Sie vor?

Die drei grundsätzlichen Stufen der Planung
1. Informationssammlung (Zielbildung)
2. Ausarbeitung verschiedener Handlungsmöglichkeiten
3. Entscheidung

In der Praxis lassen sich die letzten beiden Stufen häufig nicht voneinander trennen.

1 Die Informationen einholen

Den Kern Ihres Unternehmensplans bildet Ihre Geschäftsidee. Sie muss schlüssig und überzeugend sein, da sie die Basis für alle Ihre folgenden Planungen ist. Sie benötigen eine ganze Reihe von Informationen, um Ihre Idee verwirklichen zu können und sich nicht in ein unkalkulierbares finanzielles Abenteuer zu stürzen. Durchdenken Sie Ihre Idee daher sehr genau. Falls Ihre Vorstellungen noch mehr oder weniger vage sind, sollen Ihnen die folgenden Punkte als Unterstützung zur Entwicklung Ihrer Geschäftsidee dienen:

- Gibt es Marktlücken, die Sie nutzen können?
- Können Sie am Markt bereits erfolgreiche Konzcpte kopieren?
- Können Sie sich durch Spezialisierung von den Mitbewerbern abheben?
- Können Sie neue Technologien nutzen?
- Gibt es neue Trends, die Sie für Ihre Geschäftsidee nutzen können?

Sie sollten sich über Ihre Geschäftsidee so weit im Klaren sein, dass Sie konkrete Vorstellungen über Art und Umfang Ihres Angebots haben, bevor Sie an die nächsten Schritte der Planung gehen.

> Viele Gründer neigen dazu, ihre Ziele nicht zu konkretisieren, um so „flexibel" auf Veränderungen reagieren zu können. Das ist grundsätzlich falsch, denn nur wenn Sie eine genau festgelegte Zielsetzung haben, sind Sie in der Lage, geeignete Maßnahmen zur Umsetzung zu finden und sich gegebenenfalls auch auf eine veränderte Situation einzustellen.

2 Wie Sie verschiedene Handlungsmöglichkeiten erarbeiten

Erst wenn Sie konkrete Vorstellungen Ihrer Ziele haben, können Sie auch systematisch planen. Legen Sie die Konzeption in aller Konsequenz für alle Bereiche des Unternehmens fest. So treten Schwachstellen schon im Vorfeld in Erscheinung, die Folgen verschiedener Handlungsweisen werden sichtbar, und es zeigt sich, ob das Unternehmen auf Dauer eine Überlebenschance hat. Am wichtigsten ist in dieser Phase die mittel- und langfristige Planung. Dazu haben Sie jetzt den größten Spielraum, da Sie noch nicht durch gegebene Strukturen in Ihren Handlungsmöglichkeiten eingeschränkt sind.

> Mit der Entscheidung über den Aufbau des Unternehmens legen Sie den Grundstein für Ihren zukünftigen Handlungsspielraum. Nutzen Sie also die einmalige Chance, bevor Sie in der Betriebsamkeit des täglichen Geschäfts stecken.

Damit Sie die Übersicht über die vielen gesammelten Daten bewahren, erstellen Sie verschiedene Teilpläne, die zu einem Gesamtplan zusammengeführt werden. Achten Sie darauf, dass Sie sich beim Erstellen der Teilpläne nicht zu sehr in Details verlieren. Behalten Sie stattdessen lieber die Wechselwirkungen der einzelnen Teilpläne untereinander im Auge. Konzentrieren Sie sich auf die Daten, die für die Unternehmung von Bedeutung sind. Welche Daten dies im Einzelnen sind, finden Sie in den entsprechenden Kapiteln zu den Teilplänen.

Ein besonderes Problem der Gründungsplanung besteht darin, dass Sie in der Regel keine konkreten Daten aus der Vergangenheit zur Verfügung haben. Damit Sie dennoch Handlungsalternativen entwickeln können, sollten Sie sich daher nicht scheuen, Fachleute zu Rate zu ziehen. Versehen Sie Ihre Pläne so oft es geht mit Zeitangaben. Dies dient Ihnen gleichzeitig als Kontrollmöglichkeit und als Checkliste zur Sicherstellung eines geordneten (planmäßigen) Ablaufs. Entsprechende Beispiele finden Sie in den folgenden Kapiteln.

3 Wie Sie sich entscheiden können

Da Sie meist mehrere Handlungsalternativen haben, müssen Sie sich für die beste Möglichkeit entscheiden, die Sie dann als Plan festlegen können. Achten Sie aber immer auf das Zusammenspiel der verschiedenen Pläne, da es sonst zu Unstimmigkeiten im Gesamtplan kommen kann.

Doch welche Möglichkeit ist die beste? Meist gibt es sehr viele verschiedene Einflussfaktoren, und die einzelnen Möglichkeiten bieten sowohl Vor- als auch Nachteile. Eine effiziente Methode, hier dennoch zur besten Lösung zu gelangen, besteht darin, eine Entscheidungsmatrix zu verwenden.

Wie Sie eine Entscheidungsmatrix erstellen

1 Erstellen Sie eine Tabelle, in die Sie alle zu bewertenden Kriterien eintragen (erste Spalte) und mit einem „Gewichtungsfaktor" versehen (zweite Spalte). Überlegen Sie, *welche* Kriterien für Ihr Unternehmen *wie* wichtig sind. Bewerten Sie sie auf einer Skala, so dass die wichtigsten Kriterien die höchsten und die unwichtigsten Kriterien die niedrigsten Werte erhalten (im Beispiel Werte von eins bis zehn).

2 In die Spalten tragen Sie nun die zu vergleichenden Alternativen ein, die Sie mit Punkten bewerten, je nachdem wie gut sie die Anforderungen erfüllen. Je besser die Anforderungen erfüllt sind, desto höher ist die Punktzahl, die Sie eintragen müssen (im Beispiel von eins bis fünf).

3 Jetzt multiplizieren Sie jeweils die Bewertungspunkte der verschiedenen Alternativen mit den Gewichtungsfaktoren der einzelnen Anforderungskriterien. Sie erhalten so pro Alternative für jedes Bewertungskriterium eine Punktzahl.

4 Bilden Sie nun die Gesamtpunktzahl für die einzelnen Alternativen aus der Summe der Punktzahlen aller Kriterien. Dies geschieht, indem Sie die Werte der Spalte „Punkte" addieren. So erhalten Sie für jede Alternative einen Wert.

5 Vergleichen Sie nun die Werte. Je höher der Wert ist, desto besser ist die Alternative.

Beispiel: Entscheidungsmatrix für den richtigen Standort

Die Bewertung der Gewichtungsfaktoren erfolgt von eins (= bedeutungslos) bis zehn (= sehr wichtig) und die Punktebewertung erfolgt von eins (= sehr schlecht) bis fünf (= sehr gut). Die Alternativen sind hier als Standort I und II bezeichnet.

Entscheidungsmatrix Standortwahl					
Kriterien	Gewich-tung	Standort I		Standort II	
		B	P	B	P
Kunden	10	3	30	5	50
Konkurrenz	8	4	32	3	24
Verkehrslage	6	3	18	3	18
Material	7	5	35	3	21
Fördergelder	1	1	1	4	4
Grundstückspreis	3	4	12	2	6
Personal	3	4	12	3	9
Kooperation	5	1	5	4	20
Summe der Punkte			**145**		**152**

B = Bewertung; P = Punkte

Gemäß den Berechnungen in der Tabelle ist also der Standort II der bessere.

Alternativen zur Neugründung

Eine Neugründung ist nicht der einzige Weg zum eigenen Unternehmen. Prüfen Sie die verschiedenen Möglichkeiten, wie zum Beispiel eine Übernahme, eine Beteiligung oder ein Franchising. Im Folgenden finden Sie die jeweils wichtigsten Gesichtspunkte dazu.

Die Übernahme – ein Unternehmen kaufen

Selten waren die Chancen für die Übernahme eines profitablen Unternehmens günstiger als heute. Besonders viele Gelegenheiten tun sich im Handwerksbereich auf. Dabei gibt es eine Reihe von Möglichkeiten der Finanzierung, so dass Sie eine Übernahme nicht von vornherein wegen der Kosten ausschließen sollten. Als ein Beispiel sei hier die Übernahme durch Rentenzahlung genannt.

Ein Firmenkauf kann Ihnen folgende Vorteile bieten:

- Nutzung des vorhandenen Kundenstamms
- bestehender guter Kontakt zu Zulieferern
- bestehendes Produktprogramm
- Wegfall der Anlaufkosten

Mögliche Nachteile können dagegen sein:

- ein hoher Kaufpreis,
- ein veralteter Maschinenpark und daraus folgende hohe Finanzierungskosten,
- die Kontakte zu Kunden und Lieferanten wurden ausschließlich vom ehemaligen Besitzer gepflegt.

Besonderen Wert sollten Sie auf die Vertragsgestaltung sowie auf die Ermittlung des Kaufpreises legen. Diese Fragen klären Sie am besten zusammen mit einem neutralen Berater.

Die Beteiligung – in ein Unternehmen einsteigen

Für die Beteiligung gelten grundsätzlich die gleichen Aussagen wie für eine Übernahme. Hinzu kommt aber, dass Sie hier mit einem Partner zusammenarbeiten. Beachten Sie daher die im Kapitel „Welche Voraussetzungen Sie erfüllen müssen" beschriebenen Faktoren. Das Ausmaß Ihrer Einflussmöglichkeit innerhalb des Unternehmens lässt sich in weiten Grenzen verhandeln und vertraglich regeln.

Das Franchising

Beim Franchising vertreiben Sie (der Franchise-Nehmer) als selbstständiger Unternehmer mit eigenem Kapitaleinsatz Waren oder Dienstleistungen eines Franchise-Gebers unter einem einheitlichen Marketingkonzept. In Deutschland bieten mehr als 900 Franchise-Geber quer durch alle Branchen ihre Konzepte an. Als Beispiele seien Tchibo und Portas genannt. Das Franchising ist eine interessante Alternative, die eine Reihe von Vorteilen besitzt. Sie starten mit einer bekannten Marke und müssen sich nicht um Produktentwicklung, Werbung und Logistik kümmern. Sie profitieren von den technischen und kaufmännischen Erfahrungen sowie vom Marketingkonzept des Franchise-Gebers und haben so im Allgemeinen Ihr spezifisches Fachwissen viel früher erworben als bei unbegleiteter Gründung. Der Nachteil besteht in einer Beschränkung Ihrer unternehmerischen Freiheiten. Auch gibt es beim Franchising so manches schwarze Schaf. Daher sollten Sie das Konzept und die Verträge genau prüfen. Hierbei hilft Ihnen zum Beispiel der „Deutscher Franchise-Verband e.V.", Berlin (siehe Abschnitt „Nützliche Adressen").

> Unterschätzen Sie auch beim Franchising nicht den Bedarf an Eigenmitteln für Ihren Einstieg und zur Überbrückung von anfänglichen finanziellen Engpässen.

Was Sie bei der Wahl der Rechtsform beachten sollten

Was beeinflusst Ihre Entscheidung?

Wie im vorangegangenen Kapitel erläutert, gilt es für Sie, zuerst die Entscheidungskriterien aufzustellen und zu gewichten. Dies ist nicht einfach, da die Rechtsformwahl eine langfristige Entscheidung mit steuerlichen, wirtschaftlichen und rechtlichen Auswirkungen ist. Es wird aufgrund der vielen – teilweise gegenläufigen – Einflussfaktoren nicht möglich sein, eine ideale Lösung zu finden, denn jede Rechtsform wird an irgendeinem Punkt auch Nachteile mit sich bringen. Die Einflussfaktoren sind von Gründung zu Gründung verschieden, folgende Kriterien sind jedoch in den meisten Fällen von Bedeutung:

- Haftung
- Leitungsbefugnis
- Gewinn- und Verlustbeteiligung
- Finanzierungsmöglichkeiten
- Steuerbelastung
- externe Rechnungslegung
- Möglichkeit zur Vertragsänderung
- Mitbestimmung der Arbeitnehmer
- Gründungskosten (Aufwendungen für die Rechtsform)
- Name des Unternehmens (Firma)

Haftung

Grundsätzlich besteht eine unbeschränkte gesamtschuldnerische Haftung nur bei Einzelkaufleuten und Personengesellschaften. Dies heißt, dass bei diesen Rechtsformen jeder Gesellschafter mit seinem gesamten Privatvermögen haftet. Da aber in der Praxis Kredite an kleinere Kapitalgesellschaften nur gegen Absicherungen durch das Privatvermögen der Gesellschafter gewährt werden, dehnt sich häufig auch bei Kapitalgesellschaften die Haftung auf das Privatvermögen des Gesellschafters aus.

Leitungsbefugnis

Je nach Rechtsform sind Sie mehr oder weniger stark an der Unternehmensführung beteiligt. So sind Sie bei den Personengesellschaften regelmäßig in die Führung des Unternehmens eingebunden, während Sie bei Kapitalgesellschaften die Führung auf Geschäftsführer übertragen können. Es kommt bei der Entscheidung auch darauf an, welche Kontrollmöglichkeiten Sie brauchen und welchen Einfluss Sie gegenüber Ihren Mitgesellschaftern und der Gesellschaft ausüben wollen.

Gewinn- und Verlustbeteiligung

Der Gesetzgeber hat für die einzelnen Rechtsformen unterschiedliche Regelungen getroffen. Je nach Rechtsform trägt der Inhaber Gewinne und Verluste. Die Gewinne können sich auch nach der Kapitaleinlage oder den Geschäftsanteilen richten. Häufig gibt es gesetzliche Regelungen, die Sie durch eine entsprechende Vertragsgestaltung Ihren Bedürfnissen anpassen können.

Finanzierungsmöglichkeiten

Für die Kreditaufnahme ist die Rechtsform meist nachrangig, da auch bei kleinen Kapitalgesellschaften die Sicherung der Kredite durch das Privatvermögen der Gesellschafter erfolgt.

Steuerbelastung

Die aus der Rechtsformwahl resultierenden Unterschiede in der Steuerbelastung spielen kaum noch eine Rolle. Sie sollten sich dennoch die Zeit nehmen und mit Ihrem Steuerberater – gegebenenfalls an Hand von langfristigen Beispielrechnungen – die günstigsten Lösungen herausfinden.

Externe Rechnungslegung

Die gesetzlichen Anforderungen sind sehr verschieden und zum Teil auch von der Größe des Unternehmens abhängig. Generell lässt sich jedoch sagen, dass Kapitalgesellschaften größeren Auflagen unterliegen. Neben der oft unerwünschten Weitergabe von Unternehmensinformationen sollten Sie auch hier die damit verbundenen Kosten beachten.

Vertragsänderungsmöglichkeiten

Die Möglichkeit der Änderung der Gesellschaftsverträge ist bei den einzelnen Rechtsformen an unterschiedliche Bedingungen geknüpft. Darüber hinaus haben Sie auch hier die Möglichkeit, durch eine individuelle Vertragsgestaltung in weiten Grenzen Einfluss zu nehmen. Denken Sie hierbei auch an die unterschiedlichen, rechtsformabhängigen Aufwendungen (z.B. Eintragung ins Handelsregister).

Mitbestimmung der Arbeitnehmer

Neben der rechtsformunabhängigen Mitbestimmung durch die Arbeitnehmer gibt es auch noch rechtsformabhängige Rechte der Arbeitnehmer zur Mitbestimmung. Die Mitbestimmung der Arbeitnehmer orientiert sich an der Größe des Unternehmens; das Mitbestimmungsrecht beginnt in der einfachsten Form bei einer Unternehmensgröße von fünf Mitarbeitern.

Gründungskosten (Aufwendungen für die Rechtsform)

Hierzu gehören nicht nur Stamm- oder Grundkapital der GmbH oder der Aktiengesellschaft. Es sind auch die Kosten für die Eintragung ins Register und andere Aufwendungen zu beachten.

Der Name Ihres Unternehmens (die Firma)

Bei der Wahl des Unternehmensnamens müssen Sie einige gesetzliche Auflagen beachten. So muss der Name bei allen Rechtsformen Unterscheidungskraft besitzen und darf nicht geeignet sein, über die geschäftlichen Verhältnisse des Unternehmens irrezuführen. Sie sind deshalb unter anderem verpflichtet, die Bezeichnung der Rechtsform im Unternehmensnamen zu führen.

> Berücksichtigen Sie bei Ihrer Rechtsformwahl gegebenenfalls gesetzliche Auflagen. Informationen dazu erhalten Sie bei den entsprechenden Berufsverbänden, Gewerbeämtern oder bei den Kammern.

Welche Rechtsformen stehen zur Verfügung?

Im Folgenden finden Sie die wichtigsten Rechtsformen mit jeweils kurzen Beschreibungen. Sie haben die Möglichkeit, die Rechtsform innerhalb der gesetzlichen Grenzen Ihren Bedürfnissen anzupassen. Auch die Bildung von Mischformen ist möglich, so dass sich Ihnen ein weites Feld zur Gestaltung bietet. Die wichtigsten Rechtsformen sind:

- Einzelunternehmer/Einzelkaufmann (e. K.)
- Gesellschaft des bürgerlichen Rechts (GbR)
- Partnerschaftsgesellschaft (PartG)
- Offene Handelsgesellschaft (OHG)
- Kommanditgesellschaft (KG)
- Gesellschaft mit beschränkter Haftung (GmbH)
- Stille Gesellschaft
- Europäische wirtschaftliche Interessenvereinigung (EWIV)

Der Einzelunternehmer und der Einzelkaufmann (e. K.)

Wenn Sie keine andere Rechtsform wählen, sind Sie, sobald Sie Ihr Geschäft eröffnen, automatisch zunächst ein Einzelunternehmer. Bei dieser Rechtsform bestehen keine Anforderungen an die Höhe Ihres Startkapitals, Sie haben volle Handlungsfreiheit, unterliegen nicht der Buchführungspflicht, aber Sie haften mit Ihrem Privatvermögen. Ihre Finanzierungsmöglichkeiten beschränken sich auf die Aufnahme von Krediten, deren Höhe vom Wert Ihrer persönlichen Sicherheiten bestimmt wird. Die Gewinne unterliegen der Einkommensteuer und gegebenenfalls der Gewerbesteuer. Geschäfte dürfen Sie nur unter Ihrem Namen abschließen, das heißt, Sie können sich keine Firmenbezeichnung zulegen.

> Unter dieser einfachen Rechtsform dürfen Sie Ihr Unternehmen nur führen, solange Sie gewisse Grenzen bei Umsatz, Gewinn, Betriebsvermögen oder Mitarbeiterzahl nicht überschreiten. Sobald dies der Fall ist, sind Sie verpflichtet, Ihr Unternehmen als Einzelkaufmann zu führen.

Beim Einzelkaufmann gelten die gleichen Aussagen, die beim Einzelunternehmer getroffen wurden. Jedoch unterliegen Sie jetzt den gesetzlichen Regelungen des Handelsrechts. Das hat unter anderem den Eintrag ins Handelsregister als „eingetragener Kaufmann (e. K.)" zur Folge. Außerdem sind Sie jetzt auch buchführungspflichtig, und Sie müssen bestimmte Offenlegungsvorschriften beachten. Dafür haben Sie jetzt das Recht, sich eine Firmenbezeichnung zuzulegen.

Die Gesellschaft des bürgerlichen Rechts (GbR)

Diese Form der Partnerschaft steht Ihnen grundsätzlich immer zur Verfügung, sofern das Gesetz nicht etwas anderes vorschreibt. Auch bei der GbR haften Sie, wie Ihre Partner, mit Ihrem gesamten Privatvermögen. Sie haben zusammen mit Ihren Partnern die volle Handlungsfreiheit. Zur Gründung bedarf es keiner besonderen Formalitäten, so dass dazu schon eine mündliche Vereinbarung genügt.

Die Rechte und Pflichten der einzelnen Partner lassen sich durch die Gesellschaftsverträge festlegen, so dass sich zum Beispiel auch die Geschäftsführungs- und Vertretungsbefugnisse bestimmter Gesellschafter einschränken lassen. Ist im Vertrag nichts festgelegt, erfolgt die Gewinn- und Verlustbeteiligung nach Köpfen. Eine GbR ist nicht berechtigt, eine Firmenbezeichnung zu führen.

> Regeln Sie die Gewinn- und Verlustbeteiligung bei einer GbR unbedingt im Gesellschaftsvertrag. Wenn nichts vereinbart ist, erfolgt die Beteiligung nach Köpfen.

Die Partnerschaftsgesellschaft (PartG)

Sie ist eine Rechtsform für Angehörige der freien Berufe (das sind z.B. Journalisten, Anwälte, Ärzte usw.). Die Partnerschaftsgesellschaft ist eintragungspflichtig. Der Eintrag erfolgt aber nicht ins Handelsregister, sondern in das Partnerschaftsregister beim Amtsgericht.

Die Partnerschaftsgesellschaft hat viel mit der OHG gemeinsam. So richtet sich das Rechtsverhältnis zu Ihren Partnern nach den entsprechenden Vorschriften der OHG, wenn von Ihnen vertraglich nichts anderes festgelegt ist. Bei Verbindlichkeiten haften Sie – außer mit dem Gesellschaftsvermögen – auch mit Ihrem Privatvermögen.

> Die Haftung lässt sich dann ausschließen, wenn die Gesellschafter für Schäden wegen fehlerhafter Berufsausübung in Anspruch genommen werden. In diesem Fall können Sie nämlich die Haftung auf denjenigen Gesellschafter beschränken, der den Fehler begangen hat.

Die Vertretung der Gesellschaft kann durch jeden Gesellschafter allein erfolgen. Dies kann man jedoch vertraglich ausschließen. Der Partnerschaftsvertrag bedarf der Schriftform und muss einige Angaben enthalten. Zur Gewinnverteilung gibt es keine Vorschriften. Der Name der Partnerschaft muss den Namen mindestens eines Partners, den Zusatz „und Partner" oder „Partnerschaft" sowie die Berufsbezeichnungen aller in der Partnerschaft vertretenen Berufe enthalten.

Die offene Handelsgesellschaft (OHG)

Die Gründung einer OHG ist ohne größeren Aufwand durchführbar. Sie brauchen dazu nur einen Gesellschaftsvertrag (auch mündlich) und den Eintrag ins Handelsregister. Wenn einer der Gesellschafter ein Grundstück einbringt, muss der Vertrag zusätzlich von einem Notar beurkundet werden. Der Eintrag ins Handelsregister sowie die Notargebühren erhöhen die Gründungskosten und den Gründungsaufwand gegenüber der Gründung einer GbR. Ein Mindestkapital zur Gründung einer OHG ist nicht vorgeschrieben. Bei der OHG haften Sie mit Ihrem gesamten Vermögen. Alle Gesellschafter sind allein vertretungsberechtigt. Eine Änderung dieser Regelung ist möglich, muss aber ins Handelsregister eingetragen werden.

Laut Gesetz bekommt jeder Gesellschafter zunächst 4 Prozent des Bilanzgewinns. Der verbleibende Gewinn sowie ein eventueller Verlust werden nach Köpfen verteilt. Der Name der Gesellschaft muss die Bezeichnung „Offene Handelsgesellschaft" oder eine verständliche Abkürzung (OHG) enthalten. Wenn keine natürliche Person persönlich haftet, muss die Firma eine Bezeichnung enthalten, die die Haftungsbeschränkung kennzeichnet.

> Die Rechtsform der OHG und der GbR setzt ein großes Vertrauen in Ihre Geschäftspartner voraus.

Die Kommanditgesellschaft (KG)

Für die Gründung einer KG trifft das bereits für die OHG Gesagte zu. Im Gegensatz zu den anderen Rechtsformen gibt es bei der KG zwei verschiedene Typen von Gesellschaftern, die sich vor allem bezüglich ihrer Haftung und ihrer Einflussrechte unterscheiden. Da ist zum einen der Komplementär, der mit seinem gesamten Vermögen haftet und zur Geschäftsführung befugt ist, und zum anderen der Kommanditist, der bis in Höhe seiner festgelegten Einlage haftet. Der Kommanditist ist zwar laut Gesetz nicht zur Geschäftsführung befugt, doch können Sie dies durch eine entsprechende Gestaltung des Gesellschaftsvertrags ändern. Der Name der Kommanditgesellschaft muss den Begriff Kommanditgesellschaft oder das Kürzel KG enthalten.

> Da Sie als Komplementär voll haften, können Sie auch dann die Geschäftsführung für sich beanspruchen, wenn Sie nicht die Mehrheit der Kapitalanteile besitzen.

Die Gesellschaft mit beschränkter Haftung (GmbH)

Aufgrund ihrer Haftungsbeschränkung ist die GmbH die beliebteste Rechtsform. Im Falle einer Haftung können Ansprüche nur aus dem Gesellschaftsvermögen befriedigt werden. Um dies zu gewährleisten, muss ein Mindestmaß an Haftungsmasse vorhanden sein. Deshalb schreibt das Gesetz eine Einlage der Gesellschafter vor. Dieses sogenannte Stammkapital muss zurzeit noch mindestens 25.000 EUR betragen. Als Folge der Beschränkung haften Sie als Gesellschafter nicht mehr mit Ihrem gesamten Privatvermögen. Bedenken Sie jedoch: In der Praxis wird diese Haftungsbeschränkung meist durchbrochen, da Sie Kredite der Gesellschaft oft mit Ihrem Privatvermögen absichern müssen und somit doch ein Rückgriffsrecht auf Ihr Vermögen entsteht. Bewerten Sie den Punkt Haftung daher bei Ihrer Entscheidung nicht über. Ein weiterer Vorteil ist, dass Sie Ihr Unternehmen durch einen Geschäftsführer leiten lassen können.

Seit 2009 besteht die Möglichkeit, im vereinfachten Verfahren eine sogenannte Unternehmergesellschaft („Mini-GmbH") praktisch ohne Eigenkapital zu gründen.

Die GmbH hat aber auch eine Reihe von Nachteilen. So müssen Sie die Gesellschaftsverträge und alle späteren Änderungen notariell beurkunden lassen. Beachten Sie dabei auch die gesetzlichen Vorgaben bezüglich des Inhalts. Das kostet Geld und Zeit. Jedes Jahr müssen Sie einen Jahresabschluss bei Ihrem zuständigen Handelsregister einreichen. Und Sie unterliegen strengeren Offenlegungsvorschriften als bei den anderen Rechtsformen.

Die Gewinnverteilung ist nicht vorgeschrieben und muss vertraglich geregelt werden. Der Name der Gesellschaft kann entweder von dem Gegenstand des Unternehmens entlehnt sein oder die Namen der Gesellschafter oder einen Phantasienamen mit einem das Vorhandensein eines Gesellschaftsverhältnisses andeutenden Zusatz enthalten.

> Sie können eine GmbH auch allein gründen. Auf diese Art haben Sie die Vorteile des Einzelkaufmanns mit der Haftungsbeschränkung der GmbH verbunden.

Die stille Gesellschaft

Die stille Gesellschaft nimmt unter den Gesellschaftsformen eine Sonderstellung ein, da sie mit allen anderen Rechtsformen kombiniert werden kann. Sie ist ein Instrument zur leichten Finanzierung, da keine Formalitäten vorgeschrieben sind. Dies hält die Gründungskosten gering.

Der stille Gesellschafter stellt Ihnen seine Mittel gegen eine Gewinnbeteiligung zur Verfügung. Der Vertrag besteht also mit Ihnen und nicht mit der Gesellschaft. Das hat zur Folge, dass der stille Gesellschafter weder Einflussrechte hat noch nach außen in Erscheinung tritt. Er besitzt lediglich einige Kontrollrechte. Seine weiteren Rechte können Sie durch entsprechende Vertragsgestaltung nach Wunsch festlegen. So ist es zum Beispiel möglich, ihn am Verlust zu beteiligen oder ihm Mitwirkungsrechte einzuräumen. Einzig die Gewinnbeteiligung können Sie nicht ausschließen. Auf den Namen der Unternehmung wirkt sich diese Rechtsform nicht aus.

> Die stille Gesellschaft hat auch einige Nachteile. So haben Sie eine lange Kündigungsfrist bei der Auflösung des Vertrages. Und Sie haben immer eine „Schuld" beim stillen Gesellschafter. Während Sie einen Kredit mit der Zeit tilgen, bleibt der Anspruch des stillen Gesellschafters bis zum Zeitpunkt der Vertragsauflösung erhalten.

Europäische Wirtschaftliche Interessenvereinigung (EWIV)

Die EWIV dient zur Förderung der länderübergreifenden Zusammenarbeit von kleinen und mittleren Unternehmen in ganz Europa. Eine Voraussetzung für ihre Gründung ist der

Zusammenschluss von Personen aus mindestens zwei Mitgliedsstaaten der EU zu einer Interessengemeinschaft. Ein Mindestkapital ist dazu nicht erforderlich. Die bestehende gesamtschuldnerische Haftung ist durch Verträge einschränkbar.

Wie entscheiden Sie nun?

Wenn Sie Ihre Risiken begrenzen wollen, sollten Sie von vornherein die Rechtsform der GmbH wählen oder Kommanditist einer OHG werden. Ansonsten stehen Ihnen alle Rechtsformen offen. Die oft genannten steuerlichen Vor- oder Nachteile der einzelnen Rechtsformen sind geringer als häufig angenommen, so dass Sie bei den hier besprochenen Rechtsformen die steuerliche Seite vernachlässigen können.

Wollen Sie eine fundiertere Auswahl treffen, ist es auf Grund der vielen Kriterien am besten, die endgültige Entscheidung über Ihre Rechtsform mit Hilfe einer Entscheidungsmatrix zu fällen. Ermitteln Sie hierzu die für Sie wichtigen Einflussfaktoren der Sie interessierenden Rechtsform und verfahren mit ihnen so, wie es im Abschnitt „Wie Sie eine Entscheidungsmatrix erstellen" (S. 32) beschrieben ist. Das Ergebnis wird die für Sie optimale Lösung sein. Erarbeiten Sie diese Lösung zusammen mit Ihrem Berater. Er kennt die in Frage kommenden Rechtsformen und ihre Eigenheiten.

Wie Sie den richtigen Standort wählen

Welche Kriterien der Standort erfüllen sollte

Der richtige Standort ist von entscheidender Bedeutung für die Entwicklung Ihres Unternehmens, denn eine geschickte Standortwahl bedeutet oft einen maßgeblichen Wettbewerbsvorteil. Prüfen Sie Ihre Wahl also sehr genau, denn der einmal gewählte Standort lässt sich meist nur schwer wieder ändern. Nutzen Sie bei der Standortwahl die Erfahrungen der Berater der Kammern und Verbände sowie die darauf spezialisierten Unternehmensberater oder auch die entsprechenden Stellen der Länder und Gemeinden. Hier erhalten Sie Auskunft über die besonderen wirtschaftlichen und juristischen Rahmenbedingungen der verschiedenen Regionen. In vielen Fällen ist es möglich, für diese Beratungen Fördergelder zu bekommen.

> Prüfen Sie bei der Wahl des Standorts, ob er geeignet ist, den Unternehmenserfolg zu fördern. Überlegen Sie, welche speziellen Anforderungen ein Standort für Ihr Unternehmen erfüllen sollte.

Die Qualität eines Standorts hängt vor allem von der Art Ihres Unternehmens ab. Ein Geschäft in einer Fußgängerzone ist ein optimaler Standort für eine Boutique, aber ein miserabler für ein Fuhrunternehmen. Klären Sie deshalb folgende Fragen mit Blick auf die Wahl des richtigen Standorts für Ihr Unternehmen.

- Welche Produkte und Dienstleistungen wollen Sie verkaufen? (Dabei ist an Erweiterungsmöglichkeiten zu denken.)
- Wer sind Ihre möglichen Kunden, und wie erreichen Sie sie mit Ihren Leistungen oder Produkten?
- Welche Mittel benötigen Sie zur Leistungserstellung? Und was davon machen Sie selbst?
- Was beziehen Sie von Lieferanten, und woher kommt es?
- Wie groß ist der Raumbedarf?

Mit Hilfe dieser Fragen haben Sie einen ersten Überblick über Art und Umfang Ihres Unternehmens erhalten. Sie sind jetzt in der Lage, die für den Standort wichtigen Kriterien zu finden und zu bewerten.

Die richtige Region für Ihr Unternehmen

Bevor Sie nach Mietobjekten oder Grundstücken suchen, sollten Sie verschiedene für den Standort in Frage kommende Regionen prüfen. Dieses Vorgehen spart Zeit und Geld und dient der schnelleren Entscheidungsfindung.

Viele denken daran, ihr Unternehmen in der Nähe ihres Wohnorts zu gründen. Das hat einige Vorteile: Sie können Ihre Kenntnisse des regionalen Markts sowie langjährige Beziehungen zu Banken und Behörden nutzen. Sie kennen Ihre möglichen Kunden und können vielleicht Ihre bisherigen Arbeitgeber als Beschaffungsquelle nutzen. Trotzdem: Prüfen Sie immer, ob andere Regionen gegebenenfalls besser geeignet sind, und lassen Sie sich nicht allzu sehr von der Vertrautheit Ihres Lebensorts leiten. Denn ein ungünstig gewählter Standort kann zu erheblichen Mehrkosten führen.

Die wichtigsten Auswahlkriterien, die für fast alle Gründer gelten, sind in der folgenden Checkliste aufgeführt. Gehen Sie die einzelnen Fragen durch, indem Sie in die rechte Spalte die Gewichtung der jeweiligen Kriterien für Ihr Unternehmen eintragen (z. B. Werte von eins bis zehn für bedeutungslos bis sehr wichtig).

Checkliste: Standortwahl – Region

Entscheidungkriterien	Gewichtung
Brauchen Sie Kundennähe?	
Ist die Verkehrslage günstig?	
Kommen Sie gut an benötigte Waren in entsprechender Menge, Qualität und zu entsprechenden Preisen?	
Haben Sie bei einem Defekt Ihrer Anlagen eine schnelle Unterstützung durch den Kundendienst?	
Ist die Finanzierungsbereitschaft in der Region hoch? Gibt es finanzielle und steuerliche Förderungen?	
Sind Grundstücke und Gebäude bezüglich des Preises, der Lage sowie der Verkehrsanbindung günstig?	
Gibt es genügend qualifizierte Mitarbeiter vor Ort?	

- Ist das Lohnniveau günstig?
- Bestehen Möglichkeiten zur Kooperation mit anderen ansässigen Unternehmen?
- Können Sie Ihre Produkte gegebenenfalls über einen Versand zum Kunden bringen?
- Ist die Konkurrenzsituation günstig?
- Ist das Kundenpotential in Ihrem Einzugsbereich groß genug?
- Sind bei den Kunden genügend Kaufkraft und Kaufwille vorhanden?

Tipps zur Wahl der richtigen Räumlichkeiten

Wenn Sie aufgrund der genannten Auswahlkriterien die Region festgelegt haben, können Sie nun mit der Wahl der richtigen Büroräume, Gebäude oder Grundstücke beginnen. In der folgenden Checkliste finden Sie die Faktoren, die die Qualität eines Standorts beeinflussen können. Welche Faktoren für Sie von Bedeutung sind, hängt von der Art Ihres Unternehmens ab.

Bestimmen Sie die Bedeutung für Ihr Unternehmen mit Hilfe der folgenden Checkliste. Tragen Sie die Gewichtung der Faktoren in die rechte Spalte ein.

Checkliste: Standortwahl – Räumlichkeiten

Entscheidungkriterien	Gewichtung
▪ Existiert die Möglichkeit zur Erweiterung des Unternehmens, wie zum Beispiel die Schaffung neuer Lagermöglichkeiten?	
▪ Gibt es für Mitarbeiter und Kunden ausreichende Parkmöglichkeiten?	
▪ Ist der Versorgungsbedarf des Unternehmens mit Strom, Gas, Wasser usw. gesichert?	
▪ Gibt es zusätzliche Kosten (z.B. Erschließungskosten)? Denken Sie daran: Nicht nur bei Neubauten, auch bei einer Erweiterung zum Beispiel der elektrischen Anlagen können Erschließungskosten anfallen.	
▪ Existieren Umwelt- oder Denkmalschutzauflagen, die erfüllt werden müssen?	
▪ Können Konflikte mit dem Baunutzungsplan und mit dem Gesetz entstehen? Klären Sie dies im Bauamt der zuständigen Gemeinde, und fragen Sie nach den baurechtlichen Gesetzen und Verordnungen.	

- Müssen Sie gesetzliche Auflagen für die Räumlichkeiten erfüllen?
  Von Bedeutung sind hier z. B. die Landesbauordnung, die Arbeitsstättenverordnung, die Arbeitsstättenrichtlinien und die Unfallverhütungsvorschriften.

- Gibt es Zuschüsse, Subventionen oder Steuervergünstigungen?
  Diesen Punkt sollten Sie auf keinen Fall überbewerten, da die meisten Förderprogramme zeitlich begrenzt sind.

Sollten Sie sich zum Bau neuer Gebäude entschließen, müssen Sie außer den Grundstücks- und Baukosten auch die Erschließungskosten und den Zeitaufwand, aber auch Zuschüsse mit einkalkulieren.

Wie entscheiden Sie sich?

Sie haben sich jetzt eine Liste aller für Sie wichtigen Kriterien erstellt und die Faktoren gewichtet. Welcher Standort nun für Sie der richtige ist, können Sie mit Hilfe der Entscheidungsmatrix herausfinden, die Sie im Kapitel „Wie Sie den Unternehmensplan erstellen" kennengelernt haben. Dort finden Sie als Beispiel auch eine Entscheidungsmatrix zur Standortbestimmung.

> Die richtige Standortwahl zu treffen ist besonders wichtig, da die einmal umgesetzte Entscheidung nicht mehr oder nur schwer zu ändern ist. Für jedes Unternehmen gelten andere Kriterien, die die richtige Wahl des Standorts beeinflussen. Sie müssen für jeden Einzelfall gezielt entwickelt und sorgfältig gegeneinander abgewogen werden.

Wie Sie Ihren Umsatz planen

Der Nutzen der Finanzplanung liegt nicht im exakten Eintreffen der Prognosen, sondern darin, dass Sie die Entwicklungstendenzen erkennen und so Fehler rechtzeitig bemerken. Die Planung dient der Erhaltung der Zahlungsfähigkeit sowie der Abstimmung von Kapitalbedarf und Finanzierungsmöglichkeiten. Eine gute Planung ist für ein erfolgreiches Überleben von großer Bedeutung.

Gehen Sie bei der Zusammenstellung der Daten sehr sorgfältig vor. Ein Fehler in der Finanzplanung hat meist einen Engpass zur Folge, der dann oft genug zum Scheitern des Unternehmens führt. Sie sollten daher mindestens für die ersten drei Jahre Ihres Unternehmens eine Finanzplanung vornehmen, da diese Jahre besonders kritisch sind.

Am einfachsten ist es, wenn Sie Ihre Pläne unter der Angabe von Jahreswerten aufstellen. Doch in den wenigsten Fällen wird dies genügen. Um eine Planung auf Quartals- oder Monatsbasis zu erstellen, brauchen Sie sehr viel Erfahrung oder einen entsprechend guten Berater mit Branchenerfahrung.

> Bemühen Sie sich stets darum, bei der Planung realistische Wertansätze zu finden. Eine zu „optimistische" Planung kann ihre Zwecke nicht erfüllen, und Sie werden sich letztendlich selbst schaden.

Was benötigen Sie für Ihre Finanzplanung?

Um eine sinnvolle Finanzplanung durchführen zu können, brauchen Sie gute Kenntnisse auf den folgenden Gebieten:

- Einkauf
- Absatz
- Preissituation
- Konkurrenzsituation
- mögliche Kapazität (Produktionsmenge)
- notwendige Investitionen
- notwendiges Personal

Diese Kenntnisse können Sie aus verschiedenen Quellen beziehen. Zum Teil handelt es sich um Erfahrungswerte, zum Teil aber auch um veröffentlichte Informationen, die Sie bei Behörden, Verbänden, Beratern und Kreditinstituten bekommen.

Das sind zum Beispiel statistische Daten wie:

- durchschnittliche Pro-Kopf-Ausgaben der Branche
- Kaufkraft im Einzugsgebiet
- Kaufverhalten
- branchenübliche Stundensätze

Was beinhaltet der Umsatzplan?

Die Erstellung eines Umsatzplans ist ein wichtiger Schritt für die Planung Ihrer Finanzen. Dem Umsatzplan können Sie die geplanten Umsatzerlöse entnehmen, verteilt auf einzelne Perioden (meist Monate).

Je nach Art Ihres Unternehmens und der gewünschten Planungstiefe können die Umsätze in einzelne Leistungsgruppen (Produkte oder Dienstleistungen) aufgeteilt werden.

Der Umsatzplan dient Ihnen

- als Basis zur Erstellung des Liquiditätsplans,
- als Übersicht zur Einteilung Ihrer Kapazitäten und
- als schnelle Darstellung der geplanten Mittelzuflüsse.

Stellen Sie stets zwei Umsatzpläne auf. Einen auf der Basis der erwarteten Ergebnisse und einen mit ca. 20 bis 30 Prozent niedrigeren Werten. Sie haben so auch immer gleich einen Überblick über den Verlauf im ungünstigen Fall, zum Beispiel, wenn das Produkt beim Kunden nicht ankommt. Wenn Sie diese Daten angemessen berücksichtigen, gewährleistet Ihnen dieses Vorgehen eine entsprechende Planungssicherheit.

> Beachten Sie auch stets, ob Sie tatsächlich in der Lage sind, diese Umsatzzahlen mit Ihren betrieblichen Kapazitäten zu erreichen, und ob diese am Markt auch realisierbar sind.

Wie gehen Sie vor?

Je nach Ihrer Betrachtungsweise haben Sie zwei, schon vom Ansatz her entgegengesetzte Möglichkeiten des Vorgehens. Welche für Sie die bessere ist, hängt dabei vor allem von der Art Ihres Unternehmens und von der entsprechenden Marktsituation ab.

Bei der einen Möglichkeit gehen Sie von einer vorgegebenen Absatzmenge aus und ermitteln den daraus resultierenden Umsatz. Bei der anderen legen Sie den gewünschten Umsatz zugrunde und bestimmen die dazu nötigen Absatzmengen. Im Folgenden stellen wir Ihnen drei verschiedene Methoden vor, eine Umsatzplanung zu erstellen.

1. Methode – für alle Branchen

Diese Methode ist auf alle Branchen anwendbar, hat aber den Nachteil, dass Sie nicht Ihre unternehmenseigenen Werte nutzen, sondern nur Durchschnittswerte der Branche, die Sie bei Fachverbänden, Kammern, Kreditinstituten, Steuerberatern oder dem Finanzamt erfragen können.

Sie gehen von Ihrem gewünschten Rohgewinn in Euro und dem durchschnittlichen Rohgewinn der Branche aus, um nach der folgenden Formel Ihren Mindestumsatz zu errechnen. Dabei ist der Rohgewinn in Prozent anzugeben.

$$\text{Mindestumsatz} = \frac{\text{Rohgewinn in Euro} \times 100}{\text{Rohgewinn der Branche}}$$

Vergessen Sie aber nicht zu prüfen, ob sich dieser errechnete Umsatz unter den gegebenen Umständen auch wirklich erreichen lässt.

2. Methode – für Produktionsbetriebe

Diese Methode bietet sich für einen Produktionsbetrieb an. Wie Sie in der folgenden Formel sehen, gehen Sie bei dieser Rechnung von Ihren produktiven Stunden aus und errechnen Ihren Lohnaufwand. Dieser wird um den Materialeinsatz ergänzt, um so den zu erreichenden Umsatz zu bestimmen. Setzen Sie für den Stundensatz einen branchenüblichen Wert an.

```
         produktive Stunden
    ×    Stundensatz
    ─────────────────────
    =    Lohnaufwand
    +    Materialeinsatz (in Euro)
    =    erreichbarer Umsatz
```

3. Methode – für Handelsbetriebe

Diese Methode eignet sich besonders für Handelsbetriebe. Allerdings benötigen Sie hierzu, außer einer guten Marktkenntnis, eine Reihe von Informationen, die Sie erst bei Behörden, Verbänden oder Beratern einholen müssen.

Kalkulieren Sie wie folgt:

> Zahl der Einwohner im Einzugsgebiet
> × durchschnittliche Pro-Kopf-Ausgaben der Branche
> × Kaufkraftniveau des Einzugsgebiets
> ± Zu- und Abflüsse an andere Gebiete
> = Umsatzpotential des Unternehmens
> - Umsatzabschöpfung der Konkurrenz
> = erreichbarer Umsatz des Betriebes

Nachdem Sie mit einer dieser Methoden Ihren geplanten Umsatz ermittelt haben, tragen Sie ihn in Ihren Umsatzplan ein. Der folgende Beispielplan zeigt Ihnen, wie ein solcher Plan aussehen kann. Die monatliche Auflistung der Umsätze ist hier nach Leistungsgruppen (Produkten) gegliedert.

Umsatzplan

	Januar	Februar	März	April	Mai	...
Produkt 1						
Produkt 2						
Produkt 3						
...						
...						
Gesamtumsatz						

Der Umsatzplan bildet zusammen mit dem Kapitalbedarfs- und dem Liquiditätsplan (s. unten) eine Einheit. Die Pläne sind stark miteinander verflochten und bauen zum Teil aufeinander auf. Das bedeutet, dass die einzelnen Pläne sich gegenseitig stark beeinflussen.

> Beachten Sie dies bitte beim Erstellen und Ändern der Einzelpläne, und prüfen Sie die anderen Pläne immer noch einmal nach, sobald Sie eine Änderung vorgenommen haben.

Wie Sie den Kapitalbedarfsplan und den Liquiditätsplan erstellen

Wie jede Unternehmensgründung muss auch die Ihre finanziert werden. Es stellt sich also die Frage, wie viel Geld Sie brauchen, wann Sie es brauchen und welche Finanzierungsmittel Sie nutzen. Die Antworten auf diese Fragen finden Sie am besten, wenn Sie sich dazu detaillierte Pläne erstellen. Achten Sie dabei besonders auf die Vollständigkeit der Daten und auf einen Bruttoausweis aller Werte, denn eine gute Planung ist schon ein bedeutender Schritt auf dem Weg zu einem erfolgreichen Unternehmen.

Wenn Sie Ihre Pläne erstellen, überlegen Sie, was für Ihr Unternehmen besonders wichtig ist. Klären Sie also zunächst, wofür Sie die finanziellen Mittel brauchen, und danach erst, woher diese Mittel kommen. Erstellen Sie also zunächst den Kapitalbedarfsplan und anschließend den Liquiditätsplan.

Worauf es bei einem Kapitalbedarfsplan ankommt

Der Kapitalbedarfsplan ist eine wichtige Grundlage für Ihre Finanzplanung. Er stellt Ihren gesamten Kapitalbedarf dar, gegliedert nach den einzelnen Perioden Ihrer Existenzgründung. Um den Kapitalbedarf zu ermitteln, müssen Sie zusammentragen, welche Ausgaben Sie haben werden. Die meisten Ihrer Ausgaben werden Sie relativ leicht nach ihrer Höhe und dem Zeitpunkt, wann sie erfolgen müssen, bestimmen können. Es ist jedoch wichtig, auch wirklich alle Kosten zu erfassen. Das trifft vor allem für die einmaligen gründungsbedingten Kosten zu, die Sie bei der Planung auf keinen Fall vergessen dürfen. Um dies zu gewährleisten, ist es ratsam, die Kosten nach Abschnitten zu planen, z.B. nach Investitionen, gründungsbedingten Aufwendungen, Anlaufverlusten und Reservebildung.

Die einzelnen Punkte sollten Sie je nach Bedarf weiter untergliedern. Eine solche Unterscheidung ist auch deshalb sehr sinnvoll, da für die einzelnen Bereiche unterschiedliche Finanzierungsmittel zur Verfügung stehen. So werden Sie eine Anlage durch einen langfristigen Kredit und nicht über Ihren Kontokorrentkredit finanzieren. Lesen Sie hierzu auch das Kapitel „Die Finanzierung planen und Bankengespräche führen" (S. 70). Wenn Sie diese Unterschiede schon bei der Aufstellung des Kapitalbedarfsplans beachten, haben Sie mit dem Erstellen des Finanzplans entschieden weniger Aufwand.

Da ein Großteil der zu berücksichtigenden Werte branchenspezifisch ist, dient die folgende Zusammenstellung nur als exemplarischer Überblick über die wichtigsten Kostenblöcke:

- Investitionen
  - Immobilien (Grundstücke, Gebäude o. ä.)
  - Maschinen und Geräte
  - Geschäftsausstattung
  - Fahrzeuge
  - Lizenzen oder Patente
  - erstes Material sowie Fremdbauteile und Ähnliches
- gründungsbedingte Aufwendungen
  - Beratungen
  - Anmeldungen und Genehmigungen (Registereintrag)
  - Kautionen und Bürgschaften
  - Ausgaben der Gründungsvorbereitung (Firmenlogo usw.)
  - Markteinführungskosten
- Anlaufverluste
  - Finanzierungskosten, Zinsen und Gebühren
  - Werbung und Öffentlichkeitsarbeit
  - Zahlungen an Dritte (Anzahlungen und Sicherheiten)
  - Privatentnahmen (Unternehmerlohn, Einkommen- und Ertragsteuern)
  - Preisnachlässe
  - Steuervorauszahlungen
- Reservebildung

Planen Sie Reserven ein! Gerade in der Anlaufzeit werden Sie Ihre Kosten mit den erzielten Umsätzen kaum decken können. Berücksichtigen Sie neben den Betriebskosten auch die Kosten für Ihre private Lebenshaltung. In der Praxis hat sich erwiesen, dass die fixen Kosten in der Anlaufzeit mit dem Wert eines Dreimonatsbedarfs und die Lebenshaltungskosten mit dem eines Sechsmonatsbedarfs gedeckt sind. Darüber hinaus sollten Sie eine Reserve in Höhe eines Zwölftels der jährlichen Kosten ansetzen. Diese Reserve gibt Ihnen einen Handlungsspielraum bei Budgetüberschreitungen. Denn je weniger Erfahrungen Sie haben und je unsicherer die Branche ist, desto eher können Sie sich bei den Umsatzzahlen täuschen und die Kosten falsch einschätzen.

Erstellen Sie den Kapitalbedarfsplan am besten in Tabellenform, indem Sie die Zahlen der einzelnen Planungsabschnitte zusammenführen. Optimal ist eine monatliche Aufgliederung. Sie ist übersichtlich und hilft Ihnen gleichzeitig bei der Liquiditätsplanung.

> Legen Sie für alle Größen einen Sicherheitszuschlag fest. Dies kann für jede Größe einzeln oder in Form eines prozentualen Zuschlags auf den Gesamtbedarf erfolgen. Vergessen Sie dabei nicht, Ihre Einnahmen mit einem Abschlag zu versehen. Rechnen Sie eine ausreichende Reserve für Ihren Unterhalt ein. Gängige Werte für einen pauschalen Sicherheitszuschlag liegen zwischen zehn und 20 Prozent.

Das folgende Beispiel zeigt Ihnen einen einfachen Kapitalbedarfsplan auf Monatsbasis.

Kapitalbedarfsplan

	Jan.	Feb.	März	April	Mai	...
Anlagevermögen						
Grundstück						
Gebäude						
Maschinen						
Geschäftsausstattung						
Fahrzeuge						
Reserve						
Zwischensumme						
Umlaufvermögen						
Roh- und Betriebsstoffe						
unfertige Leistungen und Erzeugnisse						
fertige Waren						
Reserve						
Zwischensumme						
Gründungskosten						
Beratungen						
Eintragungen und Notar						
Reserve						
Zwischensumme						
Sonstiges						
Privatentnahmen						
Zins und Tilgung						
Zwischensumme						
Gesamtbedarf						

Wie Sie Ihren Liquiditätsplan erstellen

Nachdem Sie die Voraussetzungen in Form des Kapitalbedarfs- und des Umsatzplans geschaffen haben, geht es nun an die Liquiditätsplanung. Ihr Ziel ist es, die betrieblichen Geldströme so zu überwachen, dass die Zahlungsfähigkeit – im Rahmen der zur Verfügung stehenden Mittel – stets erhalten bleibt. Während bei der Bedarfsplanung nur die Höhe der Beträge von Bedeutung war, ist jetzt auch der Zeitpunkt entscheidend, an dem die Kosten anfallen. Denn das Kreditvolumen ist begrenzt und seine Inanspruchnahme kostet eine Menge Geld.

Den Bezugspunkt für die Planung bilden die nach Zahlungsterminen geordneten, zu erwartenden Geldströme. Prüfen Sie, ob zu irgendeinem Zeitpunkt das Betriebsvermögen inklusive der gewährten Kredite nicht ausreicht, um den Zahlungsverpflichtungen des Unternehmens nachkommen zu können. Ist dies der Fall, müssen Sie Ihre gesamte Planung ändern.

Neben den unbedingt erforderlichen Ausgaben gibt es immer auch Ausgaben, die Sie in einer finanziell ungünstigen Situation unterlassen können. Es empfiehlt sich, diese Ausgaben zusammen mit den dadurch entstehenden Folgekosten getrennt zusammenzustellen, um sie gegebenenfalls aus der Betrachtung ausschließen zu können.

Wie gehen Sie vor?

Die Umsätze und Kosten sind Ihnen bereits aus dem Umsatz- und Kapitalbedarfsplan bekannt. Bei einer monatlichen Planung müssen Sie nun überlegen, in welchen Monaten die geplanten Umsätze zu Einnahmen und die geplanten Kosten zu Ausgaben werden. Diese tragen Sie dann in Ihren Liquiditätsplan ein. Unterteilen Sie die Einnahmen nach Einnahmearten oder nach Leistungsgruppen (Produkten). Beachten Sie dabei aber Saisonschwankungen und Ähnliches.

Die Ausgaben entnehmen Sie komplett dem Kapitalbedarfsplan. Achten Sie möglichst auf die Trennung von fixen und variablen Kosten. Der monatliche Überschuss (Überdeckung) oder Fehlbetrag (Unterdeckung) wird aus der Differenz der Einnahmen und Ausgaben gebildet. Bauen Sie hier wie bei den anderen Plänen eine Reserve ein, das heißt einen Überschuss an Liquidität.

Das folgende Beispiel zeigt einen Liquiditätsplan auf Monatsbasis.

Liquiditätsplan

	Jan.		Feb.		März		...
	Soll	Ist	Soll	Ist	Soll	Ist	
Einnahmen							
Bestand an flüssigen Mitteln (Kasse, Bank ...)							
Zahlungseingänge (Forderungen ...)							
Summe der Einnahmen							

	Jan.		Feb.		März		...	
	Soll	Ist	Soll	Ist	Soll	Ist		
Ausgaben								
Lohn und soziale Aufwendungen								
Zahlung von Lieferverbindlichkeiten								
Mieten								
Versicherungen								
Steuern								
Tilgung								
Zinsen								
Privatentnahmen								
:	:	:	:	:	:	:	:	:
:	:	:	:	:	:	:	:	:
Sonstiges								
Summe der Ausgaben								
Unter- o. Überdeckung								

Der Plan ist hier nicht vollständig wiedergegeben, er ist noch um die restlichen Monate und Ausgaben zu ergänzen. Um den Nutzen dieses Plans zu gewährleisten, ist es wichtig, getrennte Spalten für die Soll- und Ist-Werte einzurichten. Auf diese Weise können Sie laufend kontrollieren, ob Ihre Erwartungen auch erfüllt werden.

> Die eingeplanten Werte müssen regelmäßig mit den realen Werten abgeglichen werden, das heißt, jeder zusätzliche Auftrag ist in den Plan einzuarbeiten. So haben Sie stets den Vergleich von geplanten und eingetroffenen Werten.

Aus den Daten des Kapitalbedarfs- und des Liquiditätsplans können Sie ablesen, wann Sie über welche Mittel verfügen. Sie sind so auf Engpässe vorbereitet und können bei Neuaufträgen prüfen, ob sie mit den vorhandenen Mitteln finanzierbar sind.

Können Sie Ihre Kosten decken?

Ihre Idee kann noch so gut sein und Sie selbst noch so qualifiziert, wenn Sie jedoch auf Dauer keine ausreichenden Gewinne machen, ist eine Unternehmensgründung nicht sinnvoll. Um dies beurteilen zu können, sollten Sie vor der Gründung unbedingt eine Rentabilitätsvorschau erstellen.

> Die Vorschau sollte mindestens die ersten drei Jahre umfassen. Das dritte Jahr ist besonders kritisch, da Sie hier meist auch bei Krediten aus Fördermitteln mit der Tilgung beginnen müssen.

Die Rentabilitätsvorschau ist eine stark vereinfachte Rechnung, in die nur die wichtigsten Größen mit genäherten Werten eingehen. Ermitteln Sie die notwendigen Einkünfte, um Ihre privaten Ausgaben decken zu können.

Berechnung der notwendigen Mindesteinkünfte

	Ihre Kosten
Steuern auf das Einkommen	
+ Kranken-, Renten- und Lebensversicherung	
+ Miete (privat)	
+ Lebensunterhalt	
+ sonstige private Ausgaben	
= **Summe aller privaten Kosten** (müssen mindestens erwirtschaftet werden)	

Ermitteln Sie nun, ob Ihr Unternehmen zumindest all Ihre zuvor ermittelten privaten Ausgaben deckt.

Berechnung der voraussichtlichen Einkünfte

	Ihre Zahlen
Erwarteter Umsatz	
− Wareneinsatz	
= Rohgewinn I	
− Personalkosten (Löhne, Urlaubsgeld ...)	
= Rohgewinn II	
− Sonstige Kosten	
− Zinsen	
− Abschreibungen	
= **Jahresüberschuss (Gewinn)**	

Einige der benötigten Daten können Sie bei den entsprechenden Kammern oder Verbänden erfragen.

Beachten Sie jedoch, dass nur dann die privaten Ausgaben gedeckt sind, wenn der Jahresüberschuss gleich den ermittelten Ausgaben ist. Nicht enthalten sind also Kredittilgungen sowie Reserven für unvorhergesehene Ausgaben. Sie müssen langfristig also einen wesentlich höheren Jahresüberschuss erwirtschaften.

Die Eröffnung vorbereiten

Eine Existenzgründung kostet meistens sehr viel Geld. Für viele stellt sich dann die Frage „Wie finanziere ich das alles?". Doch nicht nur die finanzielle Seite sollte gut vorbereitet sein.

In diesem Kapitel erfahren Sie,

- wie Sie Ihr Unternehmen finanzieren können,
- welche bürokratischen Formalitäten Sie beachten müssen,
- wie Sie Personal planen und Lieferanten auswählen und
- mit welchen Maßnahmen Sie Ihr Unternehmen bekannt machen können.

Die Finanzierung planen und Bankengespräche führen

Um sich vor finanziellen Verlusten zu schützen, sollen Sie vorab die wichtigsten Finanzierungsregeln kennen.

Beachten Sie bei Ihren Planungen immer,

- dass auch wirklich alle Kosten berücksichtigt werden,
- dass unerwartete Kostenüberschreitungen auftreten können,
- dass Anlaufverluste mitfinanziert werden müssen,
- dass es zu unerwarteten Umsatzeinbrüchen kommen kann,
- dass Geld für unvorhersehbare Ereignisse vorhanden ist,
- dass zinsgünstige Sonderkredite ausgeschöpft werden,
- dass alle steuerlichen Aspekte in der Finanzplanung berücksichtigt werden,
- dass Lieferantenschulden nicht zu hoch werden,
- dass günstige Kredite nicht immer gute Kredite sind,
- dass Gebäude, Maschinen und Ausstattung mit Eigenmitteln und langfristigen Krediten finanziert werden,
- dass die Laufzeit eines Kredits zur Finanzierung einer Anlage nicht länger ist, als deren Nutzungsdauer.

Auch später sollten Sie darauf achten, dass Rohstoff- und Warenrechnungen, wenn möglich, unter Abzug von Skonto beglichen werden. Lieferantenkredite ohne Skontoausnutzung gehören zu den teuersten Krediten!

Wie Sie Ihr Unternehmen finanzieren können

Viele verstehen unter dem Begriff „Finanzierung" ausschließlich die Aufnahme von Krediten. Aber es gibt noch weitere Möglichkeiten für Ihr Unternehmen, an Geld zu kommen. Die wichtigsten Finanzierungsmöglichkeiten sind:

1. Eigenkapital
2. Leasing
3. Darlehen der Lieferanten
4. Finanzierung durch Kredite
   - Investitionskredit
   - Kontokorrentkredit
   - Fördermittelkredit
5. Beteiligungsgesellschaften

1 Eigenkapital

Die wichtigste Geldquelle sind Ihre privaten Eigenmittel. Bevor Sie sich fremdes Geld leihen, für das Sie Zinsen zahlen müssen, sollten Sie prüfen, wie viele Mittel Sie aus eigener Tasche zur Finanzierung Ihrer Existenz beisteuern können.

Eigenmittel können sein:

- Sparguthaben
- Wertpapiere/Festgeld
- bereits vorhandene Sachanlagen
- Gründungszuschuss

Wozu Eigenkapital?

Ausreichend Eigenkapital ist besonders wichtig, weil es Ihnen langfristig zur Verfügung steht. Über je mehr Eigenkapital Sie verfügen, umso

- größer ist Ihr Polster bei finanziellen Engpässen,
- stärker ist Ihre Position bei Kreditverhandlungen.

Außerdem benötigen Sie es als Haftungskapital gegenüber Kapitalgebern oder für die Mindesteinlage bei einer Kapitalgesellschaft, die Sie möglichst nicht mit Fremdkapital finanzieren sollten.

Die Eigenkapitalhöhe sollte im Optimalfall mindestens 20 Prozent der Investitionskosten abdecken. Je höher Ihre Eigenkapitalquote ist, umso besser werden Sie finanzielle Krisen überstehen. Besitzen Sie nur geringe Eigenmittel, so fragen Sie Ihre Freunde und Bekannten, ob diese Sie nicht mit einem privaten Darlehen unterstützen können.

> Fehlendes Eigenkapital ist noch immer ein Hauptgrund für das Scheitern von Existenzgründungen.

Eine weitere Möglichkeit, Ihr Eigenkapital aufzustocken, besteht in der Aufnahme eines Partners. Bedenken Sie dann aber auch, dass Sie nicht mehr allein die Firma führen.

Die KfW-Bank in Frankfurt/M. bietet zudem noch mit günstigen Konditionen ausgestattete Darlehen an, die Ihnen helfen, Ihr Eigenkapital zu erhöhen.

> Je höher Ihr Eigenkapitalanteil ist, desto sicherer wird Ihr Unternehmen die Zukunft überstehen. Sie sparen Kosten für teure Kredite und haben eine höhere Kreditwürdigkeit. Sie sollten aber auf keinen Fall Ihr gesamtes Vermögen in die neue Firma stecken. Eine Reserve für unvorhergesehene finanzielle Belastungen im Privaten sollten Sie immer besitzen.

2 Leasing

Eine Alternative zum Eigenkapital ist das Leasing. Unter Leasing versteht man die entgeltliche Vermietung oder Verpachtung von Anlagegütern. Leasing-Geber kann der Hersteller selbst sein oder eine Leasing-Gesellschaft.

Welche Vorteile bietet Ihnen das Leasing, und für wen lohnt sich ein solcher längerfristiger Mietvertrag?

- Leasing lohnt sich für alle, die nur geringe Eigenmittel besitzen und keine Kredite mehr aufnehmen möchten.
- Ein Vorteil des Leasings besteht darin, dass Sie keine hohe Anfangsliquidität benötigen.
- Ein weiteres Plus: Die Anlagegüter bleiben kürzer im Unternehmen, und Sie können immer mit modernen Anlagen arbeiten.

Weitere Vorteile und Berechnungsbeispiele finden Sie im TaschenGuide „Kaufmännisches Rechnen".

Da die Gesamtkosten des Leasings sehr hoch sind, sollten Sie als Alternative die Zahlungsziele Ihrer Lieferanten nutzen.

3 Darlehen der Lieferanten

Viele Lieferanten bieten Ihnen Zeit, Ihre Rechnungen zu begleichen. Durch die Nutzung langer Zahlungsziele können Sie Engpässe in Ihrer Finanzierung schnell überbrücken. Bedenken Sie aber, dass Lieferantenkredite ohne Skontoausnutzung in aller Regel sehr teuer sind.

4 Finanzierung durch Kredite

Ganz ohne Bankkredite wird es aber meist doch nicht gehen. Damit Sie sich schon vor dem Gang zum Kreditinstitut informieren können, sind nachfolgend die wichtigsten Kredite näher erläutert.

Der Investitionskredit

Mit dem Investitionskredit finanzieren Sie Ihre Anschaffungen, die Sie längerfristig nutzen wollen. Die Laufzeit dieser Kredite liegt in der Regel bei fünf bis 20 Jahren.

Vereinbaren Sie mit Ihrer Bank eine gleichbleibende Ratenzahlung, gegebenenfalls auch eine Aussetzung der Tilgungsraten für die ersten Jahre der Laufzeit. So können Sie Zahlungsengpässe in der Anlaufzeit besser verkraften.

> Über die Höhe der Zinssätze für Investitionskredite lassen viele Kreditinstitute mit sich verhandeln.

Der Kontokorrentkredit

Einer der bequemsten und flexibelsten Kredite ist der Kontokorrentkredit. Er entsteht, wenn Sie Ihr laufendes Bankkonto überziehen. Je nach Bedarf können Sie ihn jederzeit in Anspruch nehmen. Die Höhe des maximalen Betrags, den Sie überziehen dürfen, vereinbaren Sie vorher mit Ihrer Bank.

Zinsen werden Ihnen nur für den tatsächlich genutzten Kreditbetrag berechnet. Leider lassen sich die Banken diesen Service mit höheren Zinssätzen und hohen Gebühren vergüten.

> Da ein Kontokorrentkredit recht teuer ist, sollten Sie ihn nur zur kurzfristigen Sicherung Ihrer Zahlungsbereitschaft nutzen.

Die Fördermittelkredite

Fördermittelkredite sind langfristige und zinsgünstige staatliche Finanzhilfen in Form von Darlehen. Sie sind häufig in den ersten Jahren tilgungsfrei, das heißt, Sie zahlen nur die Zinsen. Dadurch können Sie Ihren Finanzbedarf in den Anfangsjahren verringern oder das Geld für die Raten in anderer Form verwenden.

Die Nutzung eines staatlichen Darlehens ist an gewisse Voraussetzungen gebunden:

- Es werden nur Existenzgründungen gefördert, deren Marktideen einen längerfristigen Erfolg versprechen.
- Die Darlehensgewährung erfolgt nur auf Antrag vor der Durchführung der Vorhaben.
- Sie sollten
  - über Eigenmittel verfügen,
  - i.d.R. nicht älter als 50 Jahre sein und
  - und die nötige Qualifikation besitzen.

Denken Sie aber immer daran, dass Sie keinen Rechtsanspruch auf eine Auszahlung besitzen.

> Fördermittelkredite gehören zu den günstigsten Formen der Kreditfinanzierung. Sie sollten sich daher bei jeder Gründung erkundigen, ob auch Sie Finanzhilfen beantragen können. Informationen über die aktuellen Darlehensprogramme und deren Konditionen erhalten Sie bei den Banken und beim Bundesministerium für Wirtschaft durch Broschüren und im Internet unter www.bmwi.de.

5 Die Beteiligungsgesellschaften

Eine immer größere Bedeutung in der Finanzierung von Unternehmen bekommen die Beteiligungsgesellschaften. Dies sind private Gesellschaften des In- und Auslands, die dem Existenzgründer, gegebenenfalls auch ohne Sicherheiten, Risikokapital („Venture Capital") in Form von Krediten zur Verfügung stellen. Aber auch staatliche Institutionen, wie zum Beispiel die KfW-Bank in Frankfurt am Main, geben Beteiligungskapital aus. Diese Gesellschaften können sich als Gesellschafter am Eigenkapital Ihres Unternehmens beteiligen, z. B. als stiller Gesellschafter.

> Besonders für innovative Existenzgründungen ist die Aufnahme von Risikokapital bei Beteiligungsgesellschaften interessant.

Was Kredite kosten

Um die verschiedenen Kreditangebote des Staates, der Banken und der Beteiligungsgesellschaften sinnvoll miteinander vergleichen zu können, sollten Sie immer fragen: „Was kostet mich der gesamte Kredit?"

Die Kosten setzen sich aus verschiedenen Größen zusammen und ergeben so den Preis des Kredits:

- Kredithöhe
- Auszahlungsbetrag
- effektiver Zinssatz
- Ratenanzahl
- Laufzeit
- tilgungsfreie Zeit
- Tilgungsbetrag
- Provisionen

Diese Konditionen sind Ansatzpunkte für die nun folgenden Kreditverhandlungen. Bei niedrigen Marktzinsen sollten Sie auf eine langfristige Zinssatzbindung bestehen. Die Festschreibung des Zinssatzes auf eine lange Laufzeit schützt Sie vor weiteren Kosten bei einem Anstieg der Zinsen in der Zukunft. Handeln Sie außerdem auch eine Möglichkeit der Sondertilgung aus.

> Denken Sie immer daran, dass Ihr Ziel darin bestehen muss, den Kostenaufwand der Fremdmittel so gering wie möglich zu halten. Jeder Euro, den Sie sparen, kann für andere Anschaffungen verwandt werden.

Tipps für Ihre Kreditverhandlungen

Sie kennen Ihren Kapitalbedarf und wissen, dass Sie einen Kredit benötigen. Dann kommt jetzt für Sie die schwierigste Aufgabe. Sie müssen für Ihr Unternehmen das richtige Kreditinstitut auswählen und ein erfolgreiches Kreditgespräch führen.

Was Sie bei der Wahl der Bank bedenken sollten

Sicher haben Sie als Privatkunde schon ein Konto bei Ihrer Hausbank. Doch ist diese Bank auch die richtige für Ihr Firmenkonto? Und bekommen Sie bei dieser auch einen günstigen Kredit?

Die Auswahl der Bank ist eine wichtige Entscheidung, denn Sie gehen in der Regel eine langfristige Bindung ein. Fragen Sie Freunde und Bekannte nach deren Erfahrungen mit ihren Banken. Auswahlkriterien bei Ihrer Bankensuche sollten sein:

- die räumliche Nähe zur Bank,
- eine gute fachliche Beratung und
- ein guter persönlicher Kontakt zu Ihrem Firmenkundenbetreuer.

Haben Sie die richtige Bank gefunden, geht es nun darum, den für die Kreditvergabe verantwortlichen Mitarbeiter von Ihrem Existenzgründungsvorhaben zu überzeugen.

Wie Sie sich beim Kreditgespräch verhalten sollten

- Führen Sie das Gespräch sachlich und selbstbewusst, und zeigen Sie der Bank, dass Sie sich Ihren Kreditwunsch sorgfältig durchdacht haben.

- Stellen Sie sich und Ihr Vorhaben objektiv dar. Geben Sie einen Überblick über die Erfolgsperspektiven und über mögliche Hindernisse.
- Untermauern Sie Ihre Aussagen durch das Zahlenmaterial Ihres Unternehmensplans.

Wie wird Ihre Kreditwürdigkeit beurteilt?

Vor einer Kreditvergabe wird die Bank Ihre persönliche und wirtschaftliche Kreditwürdigkeit überprüfen.

Die folgenden Punkte werden dazu beurteilt:

- Ihre fachliche Qualifikation
- Ihre Überzeugungskraft
- Ihr Durchsetzungsvermögen
- Ihre Zuverlässigkeit
- Ihr Verhandlungsverhalten
- Ihre familiären Verhältnisse
- Ihr bisheriges Verhalten bei einer Kreditnutzung

Zusätzlich holt die Bank Auskünfte bei den nachfolgend genannten Stellen über Sie ein:

- beim Grundbuchamt
- beim Handelsregister
- bei anderen Banken
- bei Ihrem Berater
- bei der Schufa
- bei anderen behördlichen Institutionen

Legen Sie sich zur Vorbereitung Ihres Kreditgesprächs die folgenden Fragen vor. Zur Prüfung der Wirtschaftlichkeit Ihres Vorhabens wird die Bank Ihnen diese oder ähnliche Fragen stellen:

- Welches Geschäftsziel wollen Sie erreichen?
- Wo könnten Probleme auftreten?
- Mit welchen Umsätzen ist zu rechnen?
- Wie hoch werden die Kosten sein?
- Welche Gewinne erwarten Sie?
- Wie viel Geld benötigen Sie zur Umsetzung Ihrer Pläne?
- Wie viele eigene Mittel haben Sie?
- Wie hoch schätzen Sie Ihren Kreditbedarf ein?
- Wie viel Geld können Sie im Monat zur Tilgung der Kreditsumme und der Zinsen aufbringen?
- Besitzen Sie Sicherheiten?
- Haben Sie finanzielle Reserven?
- Haben Sie weitere Einkünfte?
- Benötigen Sie eventuell weitere Kredite?

> Eine Kreditvergabe beruht auf einem gegenseitigen Vertrauensverhältnis. Schaffen Sie Vertrauen, indem Sie alle Fragen der Bank wahrheitsgemäß beantworten und der Bank die Gewissheit geben, dass Sie Ihren Kredit pünktlich und in voller Höhe zurückzahlen werden.

Welche Sicherheiten Sie der Bank bieten können

Kaum eine Bank wird Ihnen eine größere Kreditsumme ohne Absicherung auszahlen. Darum sollten Sie sich vor dem Kreditgespräch überlegen, welche Sicherheiten Sie der Bank bieten können. In Frage kommen:

- Sicherungsübereignungen (Kfz, Wertpapiere, Waren)
- Hypothek
- selbstschuldnerische Bürgschaften durch Dritte
- Ausfallbürgschaften von Bürgschaftsbanken der Länder und des Bundes
- Lebensversicherungen und Bausparverträge

> Stellen Sie Sicherheiten nur in der Höhe der Kreditsumme zur Verfügung. Überhöhte Sicherheiten nützen nur der Bank.

Welche Unterlagen brauchen Sie für den Kreditantrag?

Ein Kreditantrag ist mit einer Reihe von Formalitäten verbunden. Folgende Unterlagen müssen Sie ggf. vorlegen:

- einen Lebenslauf, aus dem auch Ihr beruflicher Werdegang zu entnehmen ist
- Arbeits- und Prüfungszeugnisse
- eine Beschreibung Ihrer Geschäftsidee
- eine Marktanalyse
- eine Umsatz- und Ertragsvorschau
- Kalkulationen

- eine Kostenplanung
- einen Investitionsplan
- einen Finanzierungsplan
- Wirtschaftlichkeitsberechnungen
- eventuell Gesellschaftsverträge
- wenn schon vorhanden, die Handelsregistereintragung
- Grundbuchauszüge
- eine Übersicht bereits vorhandener Schulden
- eine Aufstellung möglicher Kreditsicherheiten
- eine Liste mit möglichen Bürgen
- evtl. weitere Unterlagen

> Legen Sie die Unterlagen der Bank schon einige Tage vor dem Kreditgespräch zur Beurteilung vor. Dies schafft Vertrauen in Ihre Person und Ihr Vorhaben.

Was Sie vor Abschluss des Kreditvertrags prüfen sollten

Sie haben Ihre Bank vom Erfolg Ihrer Geschäftsidee überzeugt, und der Kreditvertrag liegt zur Unterschrift vor. Bevor Sie unterschreiben, sollten Sie Folgendes noch einmal prüfen:

- Sind Kreditbetrag, Auszahlungsbetrag und Rückzahlungsbetrag angegeben?
- Sind die Tilgung und die Laufzeit im Vertrag verankert?
- Wurden alle Zinsvereinbarungen beachtet?
- Ist die Besicherung eindeutig geregelt?

> Durch das sofortige Nachprüfen des Vertrags sparen Sie sich später unnötige Streitigkeiten mit Ihrem Kreditinstitut.

Welche Anmeldeformalitäten Sie erfüllen müssen

Die Gründung Ihres Betriebs erfordert die Einhaltung von zahlreichen Gesetzen. So müssen Sie Ihr neues Unternehmen bei einigen Behörden und Institutionen anmelden und einige Formalitäten erledigen.

Denken Sie auch nochmals daran, dass Anträge auf staatliche Fördermittel vor der Gründung gestellt werden müssen.

Mit der Anmeldung Ihres Unternehmens wird die offizielle Gründung vollzogen. Dies ist die Geburtsstunde Ihres Unternehmens. Von nun an sind Sie Unternehmer.

Behörden und Organisationen

Hier müssen Sie Ihren neuen Betrieb anmelden:

- beim Gewerbeamt, wenn es sich um einen Gewerbebetrieb handelt,
- beim Finanzamt,
- bei der Agentur für Arbeit,
- bei der Krankenkasse,
- bei der Berufsgenossenschaft,

- beim Handelsregister,
- bei der Industrie- und Handelskammer bzw. der Handwerkskammer,
- beim Gewerbeaufsichtsamt,
- bei den Versorgungsunternehmen.

Gewerbeamt

Jede Gründung eines Gewerbebetriebs muss beim Gewerbeamt der Stadt oder Gemeinde angemeldet werden. Ausgenommen von dieser Verpflichtung sind Unternehmen der Land- und Forstwirtschaft sowie alle Freiberufler, die unter den § 18 des Einkommensteuergesetzes fallen.

Zur Anmeldung benötigen Sie einen Personalausweis oder Pass und zur Gründung bestimmter Gewerbeunternehmen auch die geforderten Genehmigungen.

Das Gewerbeamt wird nun auf dem Amtsweg die folgenden Behörden und Institutionen über Ihre Anmeldung informieren:

- Finanzamt
- Handelsregistergericht
- Industrie- und Handelskammer bzw. Handwerkskammer
- Berufsgenossenschaft
- Statistisches Landesamt

> Zum schnelleren Abwickeln der Gründungsformalitäten und zur Klärung weiterer Fragen sollten Sie selbst Kontakt zu diesen Stellen aufnehmen.

Finanzamt

Beim Finanzamt erhalten Sie für Ihr Unternehmen eine Steuernummer. Unter Angabe dieser Steuernummer müssen Sie dann immer Ihre Steuern bezahlen. Nähere Informationen zum Thema Finanzamt erhalten Sie im Kapitel „Was Sie fürs Finanzamt tun müssen".

Agentur für Arbeit

Die Agentur für Arbeit teilt Ihnen Ihre Betriebsnummer mit. Diese benötigen Sie für die Sozialversicherungsanmeldung bei Ihrer Krankenkasse. Da die Betriebsnummer an den jeweiligen Betriebsinhaber gebunden ist, müssen Sie auch bei Übernahme eines Unternehmens eine neue Nummer beantragen.

Krankenkasse

Beabsichtigen Sie, Mitarbeiter einzustellen, so müssen Sie diese in der Regel spätestens sechs Wochen nach der Einstellung bei den zuständigen Krankenkassen anmelden. Die Meldefristen können in bestimmten Branchen auch kürzer sein. Erkundigen Sie sich deshalb vor der Einstellung von Arbeitnehmern nach den Fristen.

Berufsgenossenschaften

Die Träger der Pflicht-Unfallversicherung übernehmen die Risiken eines Arbeitsunfalls oder eines Wegeunfalls zur Arbeit für Ihre Arbeitnehmer und teilweise auch für Sie selbst. Die Mitgliedschaft in einer Berufsgenossenschaft ist gesetzlich festgeschrieben. Sie müssen sich also auch dann anmelden, wenn Sie keine Arbeitnehmer beschäftigen.

Handelsregister

Nutzen Sie Ihr Unternehmen als Vollerwerb, so wird in der Regel ein Eintrag ins Handelsregister nötig sein. Freiberufler werden nicht eingetragen. Das Handelsregister wird beim zuständigen Amtsgericht geführt. Dort erhalten Sie entsprechende Formulare, die Sie ausfüllen und unterschreiben müssen. Ihre Unterschrift muss dann noch durch einen Notar beglaubigt werden.

Besonders bei der Gründung einer GmbH ist eine schnelle Anmeldung und Eintragung sehr wichtig. Bis zur Eintragung ins Handelsregister haften Sie für alle vorher abgeschlossenen Verträge mit Ihrem gesamten Privatvermögen.

Besondere Genehmigungs- und Meldepflichten

Wollen Sie sich in den nachfolgend genannten Gewerbebereichen selbstständig machen, so müssen Sie weitere Genehmigungen einholen:

- Handwerk
- bestimmte Bereiche des Groß- und Einzelhandels
- Industriebetriebe, die die Umwelt beeinflussen
- Gaststätten- und Hotelgewerbe
- Makler
- Beförderungsunternehmen

> Informieren Sie sich frühzeitig, welche Genehmigungen Sie für welche Institution benötigen. Informationen erhalten Sie bei den entsprechenden Stellen und bei den Industrie- und Handelskammern bzw. bei den Handwerkskammern.

Handwerk

Bevor Sie einen Handwerksbetrieb eröffnen können, müssen Sie sich in die Handwerksrolle bei der örtlichen zuständigen Handwerkskammer eintragen lassen. Dieser Eintrag erfolgt in einigen Branchen aber nur, wenn Sie selbst einen Meisterbrief oder eine ähnliche Qualifikation (zum Beispiel ein Diplom/Master in der Fachrichtung und genügend Praxiserfahrung) besitzen bzw. einen Meister in Ihrem zukünftigen Unternehmen beschäftigen.

Groß- und Einzelhandel

Zur Gründung eines Unternehmens im Handel benötigen Sie nur dann besondere Sachkundenachweise und Genehmigungen, wenn Sie sich u.a. in folgenden Bereichen betätigen wollen:

- Lebensmittelhandel
- Arzneimittelhandel
- Handel mit Giftstoffen
- Waffen- und Munitionshandel
- Handel mit explosionsgefährlichen Stoffen
- Handel mit Tieren
- Handel mit Pflanzenschutzmitteln

Industrie

Genehmigungen benötigen Sie u.a., wenn bei Ihrer Produktion die Umwelt beeinflusst wird. Achten Sie auf die geltenden Umweltbestimmungen.

Gaststätten- und Hotelgewerbe

Bei der Eröffnung eines Hotels oder einer Gaststätte müssen Sie beim Gewerbeamt eine Bestätigung über die Eignung der Geschäftsräume und einen Nachweis über die Teilnahme an einem Kurs über den richtigen Umgang mit Lebensmitteln nachweisen. Solche Kurse bietet zum Beispiel die Industrie- und Handelskammer an.

Makler

Wollen Sie sich mit der Vermittlung von Verträgen über Grundstücke, Wohnräume oder Kapitalanlagen selbstständig machen, so brauchen Sie nach der Gewerbeordnung eine besondere Erlaubnis. Dazu müssen Sie auch Ihre persönliche und wirtschaftliche Zuverlässigkeit nachweisen.

Beförderungsunternehmen

Dient Ihr Unternehmen der geschäftsmäßigen Beförderung von Personen, so benötigen Sie auch hierfür eine extra Genehmigung. Sie müssen Ihre persönliche Zuverlässigkeit, wirtschaftliche Leistungsfähigkeit und fachliche Eignung nachweisen.

Worauf es bei Personalplanung und Lieferantenauswahl ankommt

Auch wenn Sie klein anfangen: Sie werden als Unternehmer nicht alles selbst erledigen können. Deshalb sollten Sie sich früh genug überlegen, welche und wie viele Mitarbeiter Sie brauchen werden. Machen Sie sich darüber nicht erst Gedanken, wenn Sie akut Personal benötigen – das kann Sie unnötig in Schwierigkeiten bringen. Dasselbe gilt für Ihre Lieferanten: Treten Sie rechtzeitig mit ihnen in Kontakt, und prüfen Sie ihre Leistungsfähigkeit.

Die Personalauswahl sorgfältig planen

Durch die Personalkosten wird einem Unternehmen viel Geld entzogen. Deshalb müssen Firmengründer in der Startphase Zurückhaltung üben und ganz genau überlegen, welche Arbeiten in der Zukunft anfallen werden, welches Personal dafür benötigt wird und wo man es bekommt.

Welches Personal brauchen Sie?

Lassen Sie sich für den Aufbau Ihres Mitarbeiterstamms Zeit. Für die Planung Ihres zukünftigen Personalbestands müssen Sie sich allerdings schon heute einige Gedanken über die spätere Entwicklung Ihres Unternehmens machen. Analysieren Sie deshalb genau den Arbeitsumfang und die Aufgaben, die in Ihrem Unternehmen in den nächsten Jahren anfallen.

Stellen Sie sich dazu folgende Fragen:

- Wann und an welchem Arbeitsplatz könnte sich der momentane Arbeitsumfang erhöhen? Denkbar ist zum Beispiel eine Erhöhung Ihres Arbeitsumfangs bei:
  - einer Nachfragesteigerung nach Ihrem Waren-/ Leistungsangebot,
  - einer Vergrößerung Ihrer Produktion,
  - einem verbesserten Service.

  Mit Zunahme der Betriebsgröße erhöht sich meist auch der Arbeitsumfang im Einkauf und im Vertrieb.

- Welche Arbeiten könnten in der Zukunft zusätzlich auf Sie zukommen? Möglich wären zusätzliche Arbeiten durch
  - eine Vergrößerung Ihres Angebotssortiments,
  - die Errichtung von Niederlassungen.

- Wie viele Mitarbeiter werden Sie dann benötigen, um diese Arbeiten schnell und ordentlich erledigen zu können?

Überlegen Sie in diesem Zusammenhang auch, welche Arbeiten von Ihnen persönlich erledigt werden müssen und welche Sie an Mitarbeiter abgeben können.

Fertigen Sie Stellenbeschreibungen an, die für jede Stelle neben den vermutlichen Personalkosten auch die folgenden Angaben enthalten:

- die genaue Stellenbezeichnung,
- die Stelleneinordnung,

- die Arbeitsaufgabe,
- die Befugnisse des Stelleninhabers,
- die geistigen oder körperlichen Anforderungen an den Stelleninhaber.

Mit Hilfe dieser Stellenbeschreibungen werden Sie in der Lage sein, die folgenden Fragen zu beantworten und die richtigen Mitarbeiter zu finden.

- Welche Stellen sind zu besetzen?
- Wie viel Personal wird dazu benötigt?
- Welche Aufgaben sind dort zu erledigen?
- Sind besondere Kenntnisse erforderlich?
- Bestehen besondere Anforderungen an Körper oder Geist?
- Benötigen Sie eine Vollzeitkraft oder eine Teilzeitkraft?

Nun wissen Sie, wen Sie brauchen und können gezielt nach den passenden Mitarbeitern suchen.

Wie finden Sie neue Mitarbeiter?

Ihre Mitarbeiter können Sie finden

- durch Anzeigen in Fach und Tageszeitungen,
- in Hochschulen,
- bei der Agentur für Arbeit und privaten Arbeitsvermittlern,
- bei Zeitarbeitsfirmen,
- im Internet,
- im Bekannten-, Freundes- und Familienkreis.

Teilzeitkräfte und Aushilfen findet man auch durch Aushänge im eigenen Schaufenster, an Schulen oder bei der Schnellvermittlung der Agentur für Arbeit.

Wie wählen Sie die richtigen Mitarbeiter?

Um bei der Mitarbeiterauswahl Fehlentscheidungen zu vermeiden, sollten Sie

- alle Bewerbungsunterlagen mit folgenden Fragen kritisch prüfen:
  - Enthält die Bewerbung alle erforderlichen Dokumente?
  - Gibt es Lücken im Lebenslauf?
  - Stimmt die Qualifikation mit Ihren Anforderungen überein?
- und dann die besten Bewerber zu einem Vorstellungsgespräch einladen.

Erkundigen Sie sich gegebenenfalls auch beim früheren Arbeitgeber Ihres Bewerbers. Sie können den Bewerber auch bitten, eine typische Arbeit seiner zukünftigen Stelle zu verrichten, um ihn zu beurteilen.

Wie führen Sie ein Vorstellungsgespräch?

Ein Vorstellungsgespräch hilft Ihnen, Ihren zukünftigen Mitarbeiter aus mehreren Bewerbern herauszufinden. Sie lernen die Bewerber genauer kennen und können alle Fragen klären, die sich aus den Bewerbungsunterlagen ergeben haben.

Um ein umfassendes Bild vom einzelnen Bewerber zu erhalten, sollten Sie in einem Vorstellungsgespräch

- die persönliche Situation des Bewerbers besprechen (Herkunft, Familie, Wohnort),
- seine Ausbildung und seinen beruflichen Werdegang erörtern (erlernter Beruf, bisherige berufliche Tätigkeiten, berufliche Pläne) und
- den Bewerber über seine Lohn-/Gehaltsvorstellung befragen.

Nutzen Sie das Vorstellungsgespräch auch, um dem Bewerber einige Informationen über Ihr Unternehmen zu geben (z.B. über die Organisation, über Arbeitszeiten usw.).

Nach der erfolgreichen Auswahl eines Bewerbers werden Sie mit Ihrem neuen Mitarbeiter einen Arbeitsvertrag abschließen. Aus der Unterzeichnung eines Arbeitsvertrags ergeben sich für Sie als Arbeitgeber auch einige Pflichten. Aus diesem Grund ist bei der Vertragsunterzeichnung einiges zu beachten.

Wie sollte der Arbeitsvertrag aussehen?

Der Inhalt eines Arbeitsvertrags ist frei aushandelbar und kann, unter Beachtung der gesetzlichen Regelungen, frei formuliert werden. Es gibt einige Punkte, die Sie unbedingt in einen Arbeitsvertrag mit Ihrem Mitarbeiter aufnehmen sollten.

In einen Arbeitsvertrag gehören

- der zukünftige Tätigkeitsbereich,
- der Beginn der Beschäftigung und die vereinbarte Probezeit,

- die Lohn-/Gehaltsvereinbarung,
- die Arbeitszeiten,
- Urlaubsansprüche,
- Kündigungsfristen,
- sonstige Vereinbarungen wie z.B. Verschwiegenheitspflichten und Vereinbarungen über Nebenbeschäftigungen.

Schließen Sie Arbeitsverträge grundsätzlich schriftlich ab. So haben Sie im Streitfall eine bessere Beweismöglichkeit über die abgeschlossenen Vereinbarungen. Am besten bedienen Sie sich eines Vordrucks, den Sie ggf. käuflich erwerben können.

Welche Pflichten haben Sie als Arbeitgeber?

- Mitarbeiter müssen bei der Krankenkasse und bei der Berufsgenossenschaft gemeldet werden.
- Beiträge zur Sozialversicherung und Berufsgenossenschaft sind abzuführen.
- Die Lohnsteuer ist ans Finanzamt zu überweisen.
- Gesetzliche Regelungen sind einzuhalten, insbesondere
  - das Arbeitszeitgesetz,
  - die Arbeitsstättenverordnung,
  - das Bundesurlaubsgesetz,
  - das Betriebsverfassungsgesetz,
  - das Kündigungsschutzgesetz,
  - das Entgeltfortzahlungsgesetz,
  - das Schwerbehindertengesetz.

Worauf es bei der Wahl der Lieferanten ankommt

Die Beziehungen zu Lieferanten bestehen oft über einen längeren Zeitraum, da ein Lieferantenwechsel Zeit und Geld kostet (Angebote einholen, vergleichen usw.). Darum ist es wichtig, von Beginn an, einen für Sie günstigen Lieferanten zu ermitteln.

Wo finden Sie geeignete Zulieferer?

Möglichkeiten, Zulieferer zu finden, haben Sie

- auf Fachmessen,
- durch Werbung in Fachzeitschriften,
- durch Hinweise und Kontakte von Branchenkollegen,
- durch das Sichten von Branchenbüchern,
- durch die Industrie- und Handelskammer oder die Handwerkskammer,
- durch Fachverbände.

Wie wählen Sie Ihre Zulieferer aus?

Setzen Sie sich frühzeitig mit mehreren potentiellen Zulieferern in Verbindung. Schildern Sie Ihre Wünsche, holen Sie Angebote ein, vergleichen und verhandeln Sie, und wählen Sie dann die günstigsten aus.

Bei der Auswahl sind zu beachten:

- die Angebotspreise,
- die Zahlungs- und Lieferbedingungen,

- die Qualität der Waren,
- der Ruf des Zulieferers,
- die Lieferdauer.

Kommen mehrere Anbieter in die engere Wahl, so nutzen Sie die Entscheidungsmatrix zur Standortwahl (s. Kapitel „Wie Sie den Unternehmensplan erstellen"). Unter den Einflussgrößen tragen Sie die oben genannten Kriterien ein und statt der Namen der Standorte die Namen der Lieferanten. Durch diese Gewichtung und Bewertung erhalten Sie den für Sie richtigen Lieferanten.

Umfangreiche Lieferverträge sollten Sie einem Rechtsanwalt zur Durchsicht übergeben. Dies gilt besonders dann, wenn sich Ihr Lieferant im Ausland befindet.

Wie Sie Ihr Unternehmen bekannt machen

Es wird immer schwieriger, sich von den Mitanbietern abzuheben. Deshalb ist es besonders für den Existenzgründer wichtig, durch ein geschicktes Marketing die Aufmerksamkeit des Käufers auf seine Produkte und sein Unternehmen zu lenken. Sie können dazu die folgenden Mittel nutzen:

- den Preis,
- die Produkte,
- den Vertrieb,
- den Service,

- das Erscheinungsbild Ihres Unternehmens in der Öffentlichkeit,
- die Werbung.

Nähere Informationen, wie Sie effizientes Marketing in Ihrem Unternehmen einsetzen können, finden Sie im TaschenGuide „Marketing".

Vorsicht bei der Preispolitik

Vor allem in wirtschaftlich schwierigen Zeiten kann ein günstiger Preis ein Wettbewerbsvorteil sein. Häufig werden aber auch Ihre Mitbewerber an der Preisschraube drehen und die Wirkung ist bald dahin. Lassen Sie sich nicht auf einen Preiskampf ein. Versuchen Sie lieber, den zusätzlichen Nutzen Ihrer Produkte in den Vordergrund zu stellen. Sie sollten auch bedenken, dass viele Produkte gerade deshalb gekauft werden, weil sie teuer sind.

Die Produkte kunden- und marktgerecht gestalten

Die Lebensdauer heutiger Produkte wird immer kürzer und die Nachfrage nach bestimmten Dienstleistungen wechselt öfter. Auch werden Ihre Mitbewerber Ihnen das Leben mit neuen Produkten nicht erleichtern. Darum sollten Sie sich bereits in der Gründungsphase schon einmal Gedanken über Ihr zukünftiges Angebot und dessen Erweiterung machen.

> Beachten Sie immer wieder die Wünsche Ihrer Kunden. Versuchen Sie, mit Ihren Angeboten Marktnischen abzudecken.

Die optimalen Vertriebswege finden

Speziell produzierende Betriebe können sich durch einen kundenfreundlichen Vertrieb Wettbewerbsvorteile sichern.

Mit gutem Service Kunden gewinnen und binden

Gerade wenn Produkte und Dienstleistungen austauschbar sind, sind ein guter Service und das Angebot von Zusatzleistungen unabdingbar. Nur so schaffen Sie es, sich auf dem Markt zu behaupten und Kunden langfristig an Ihr Unternehmen zu binden. Insbesondere bei komplexen, hochwertigen Produkten und bei Reklamationen fordert der Kunde eine intensive Betreuung. Beachten Sie bitte auch, dass Sie Ihre Serviceleistung im Laufe der Zeit den Anforderungen der Kunden immer wieder anpassen müssen. Bemühen Sie sich immer, die Serviceerwartungen der Kunden zu übertreffen.

Schaffen Sie sich ein positives Image

Das Erscheinungsbild Ihrer Firma trägt viel dazu bei, wie Ihr Unternehmen von der Öffentlichkeit gesehen wird und welchen Ruf Sie unter Ihren Kunden genießen. Ein einheitliches Erscheinungsbild fördert zugleich die Erinnerung an Ihr Unternehmen und Ihre Produkte und ist die preiswerteste Form des Marketings.

Gestalten Sie ein einprägsames Firmenlogo, das Sie dann für Ihre Briefbögen, Rechnungen, Fahrzeugbeschriftung, Schaufenstergestaltung und alle Werbemaßnahmen verwenden.

Durch Werbung Interesse wecken

Werbung kostet Geld. Da Sie aber von den Kunden leben, müssen Sie deren Wünsche und Bedürfnisse für Ihre Produkte bzw. Dienstleistungen durch Werbung wecken. Erfolgreiche Werbung muss nicht teuer sein. Analysieren Sie die Werbung Ihrer Mitbewerber. Wie kommt diese beim Kunden an, was können Sie besser machen?

Bevor Sie mit der Werbeaktion beginnen können, müssen Sie sich noch über einige Fragen Gedanken machen.

- Wen soll Ihre Werbung ansprechen?
- Was soll die Werbung erreichen?
- Wie können Sie Ihre potentiellen Kunden ansprechen?
- Wie viele finanzielle Mittel können Sie für die Werbung aufbringen?
- Wann und wie oft wollen Sie werben?

Stellen Sie einen Werbeplan auf, in dem Sie festhalten, zu welchem Zeitpunkt Sie werben, mit welchen Werbemitteln und zu welchem Preis. So haben Sie jederzeit einen Überblick über Ihre Werbeaktivitäten und Werbekosten.

Wollen Sie Ihre Kundschaft direkt ansprechen, empfehlen sich die folgenden Möglichkciten:

- Die Kunden mit Hilfe eines Werbebriefs auf Ihre Produkte oder Dienstleistungen hinweisen.
- Prospekte und Wurfzettel an die Kunden verteilen.
- Werbegeschenke machen.

Zum Erreichen einer anonymen Käuferschicht können Sie folgende Werbemittel einsetzen:

- Anzeigen in Tageszeitungen oder Fachzeitschriften
- Plakat-, Kino- oder Radiowerbung
- Werbung auf Firmenfahrzeugen
- Werbung auf öffentlichen Verkehrsmitteln
- Einrichten einer Website

Welches Werbemittel Sie verwenden, ist abhängig von Ihren Produkten oder Dienstleistungen, von Ihrem Werbeetat und Ihren Kunden. Achten Sie darauf, dass Ihre Werbung zu Ihrem Produkt passt. Werden zum Beispiel hochwertige Produkte durch Handzettel beworben, führt dies beim Kunden häufig zu einer negativen Einstellung über die Produktqualität. Eine falsche Werbung kann so genau das Gegenteil ihres Zwecks erreichen.

Nutzen Sie deshalb auch die Erfahrungen von Werbefachleuten, und investieren Sie besonders in der Startphase Ihrer Existenzgründung in Werbemaßnahmen, um bekannt zu werden.

Denken Sie jedoch auch daran, dass nicht jede Werbung erlaubt ist. Einschränkungen ergeben sich z.B. durch das Gesetz gegen unlauteren Wettbewerb. Einige Freiberufler unterliegen einem begrenzten Werbeverbot.

> Durch den ständigen Wandel der Märkte und der Kundenwünsche wird das Marketing Sie ständig beschäftigen und Ihr unternehmerisches Handeln beeinflussen. Um unnütze Werbeausgaben und Fehler zu vermeiden, sollten Sie versuchen, den Erfolg Ihrer Marketingaktionen zu kontrollieren.

Das Geschäft führen

Im unternehmerischen Tagesgeschäft sollten Sie stets einen Überblick über die finanzielle Lage Ihrer Firma haben. Auch dem Finanzamt müssen Sie regelmäßig Rechenschaft über den Verlauf der Geschäfte geben.

In diesem Kapitel erfahren Sie

- welche steuerrechtlichen Verpflichtungen Sie haben,
- mit welchen Kennzahlen Sie Ihren Betrieb analysieren und
- wie Sie auf Planabweichungen reagieren.

Was Sie fürs Finanzamt tun müssen

Nur wenigen macht es Spaß, mit dem Finanzamt zu kommunizieren. Wahrscheinlich gehören auch Sie nicht zu diesen wenigen Menschen. Aber gerade deshalb sei eine kurze Vorbemerkung gestattet.

Über das Finanzamt lassen wir dem Staat jenes Geld zukommen, welches dieser benötigt, um uns ein „kuscheliges Nest" zu bauen. Dazu gehört auch, dass der Staat Ihnen als Existenzgründer verschiedene Hilfen an die Hand gibt, die letztlich aus Steuergeldern bezahlt werden. Dies können zum Beispiel staatlich finanzierte Beratungen genauso sein wie Kredite zu geförderten Zinssätzen oder steuerliche Erleichterungen.

Dem steht dann freilich gegenüber, dass wir auch unseren „Obolus" entrichten müssen, wenn die Geschäfte gut laufen. Ob Sie Ihre steuerlichen Pflichten selbstständig erfüllen, oder ob Sie diese einem Steuerberater übertragen, müssen Sie selbst entscheiden. Doch sollten Sie, um alle steuerlichen Möglichkeiten auszuschöpfen, auf professionelle Unterstützung nicht verzichten.

Die ersten Kontakte mit dem Finanzamt

Ihre steuerliche Anmeldung haben Sie bereits vor der Betriebseröffnung beim Finanzamt abgegeben. Daraufhin erhielten Sie eine Steuernummer, unter der Ihr Unternehmen von nun an geführt wird. Diese Steuernummer gilt für alle Steuerarten einschließlich der Umsatzsteuer (Mehrwertsteuer).

Sofern Sie in der steuerlichen Anmeldung einen Schätzgewinn angegeben haben, erhalten Sie für die gewinnabhängigen Steuern einen Steuerbescheid, dem die Vorauszahlungsbeträge und -termine zu entnehmen sind.

Viele Aufwendungen fallen bereits vor der Betriebseröffnung an. All diese Vorlaufkosten können den späteren Gewinn mindern. Notieren Sie alle Kosten genau und heben Sie auch alle dazugehörenden Belege geordnet auf.

Hat sich die Gründung des Unternehmens über einen Jahreswechsel erstreckt, so können Ihre Kosten als Betriebsausgaben bereits im abgelaufenen Jahr Ihre sonstigen Einkünfte mindern. Ebenso erhalten Sie die bereits gezahlten Vorsteuern vom Finanzamt erstattet. Beides kann eine interessante Liquiditätshilfe sein.

Wer Sie bei der Buchführung entlasten kann

Sie haben die Betriebseröffnung erfolgreich vollendet. Spätestens jetzt müssen Sie sich der Einrichtung einer kaufmännischen (doppelten) Buchführung widmen, wenn Sie entweder im Handelsregister eingetragen sind oder einen Gewinn von mehr als 50.000 EUR oder einen Umsatz von mehr als 500.000 EUR haben.

Als Freiberufler (z.B. Arzt, Dolmetscher, Ingenieur, Journalist, Krankengymnast oder Rechtsanwalt) sind Sie grundsätzlich nicht buchführungspflichtig, müssen jedoch die Einnahmen und Ausgaben laufend aufzeichnen, um den Gewinn mit einer

Einnahmen-Überschuss-Rechnung zu ermitteln. Hierfür gibt es gute und leicht zu bedienende PC-Programme (z.B. Lexware buchhalter).

Nur wenn Sie in Buchführung und Rechnungswesen geschult sind, sollten Sie diese Arbeit selbst erledigen. Sie können die Buchführung folgenden Personen übertragen:

- Steuerberater

  Der Steuerberater wird Ihre Buchführung einrichten, die laufenden Buchungen und steuerlichen Anmeldungen erledigen, eine fallweise Beratung übernehmen, die Bilanz erstellen und die Steuererklärungen fertigen.

- Selbstständiger Buchführungshelfer

  Der selbstständige Buchführungshelfer ist gesetzlich in seinen Aufgaben eingeschränkt, insbesondere darf er den Unternehmer nicht vor dem Finanzamt vertreten; dafür sind die Honorarsätze niedriger.

- Angestellter Buchhalter

  Der bei Ihnen angestellte Buchhalter darf Sie genauso wie ein Steuerberater unterstützen. Hier ist aber zu prüfen, ob Sie eine Voll- oder Halbtagskraft in Ihrem Unternehmen auslasten können.

Die Steuerberater und Buchführungshelfer finden Sie im Branchentelefonbuch. Sie sollten Ihre Wahl von den folgenden Kriterien abhängig machen:

- Der Berater sollte sich in Ihrer Branche gut auskennen, um Sie optimal unterstützen zu können. Steuerliche Besonderheiten werden so oft besser erkannt.
- Der Berater sollte in Ihrem Kollegenkreis bereits erfolgreich gearbeitet haben.
- Für kurze Rückfragen sollte der Berater zur Verfügung stehen, ohne sofort eine Honorarrechnung zu schicken.
- Überzeugen Sie sich, dass Sie nicht nur eine Nummer in einer „Buchhaltungsfabrik" sind, sondern dass Sie einen konkreten Ansprechpartner haben und individuell betreut werden.

> Häufig wird von Existenzgründern der Fehler begangen, die Einrichtung der Buchführung hinauszuzögern. Doch bedenken Sie, dass eine spätere Nachholung zusätzlichen Aufwand verursacht und dass die Auswertung der Buchführung nicht nur für das Finanzamt, sondern auch für die finanzielle Unternehmensführung unerlässlich ist. So haben Sie nur mit einer guten, laufenden Buchführung einen steten Überblick über Ihre Finanzlage, können säumige Kunden rechtzeitig mahnen und zinsgünstige Gelddispositionen treffen.

Die notwendigen Grundkenntnisse zu diesem Thema können Sie im TaschenGuide „Buchführung" nachlesen.

Die Steuerarten

Als Unternehmer sind Sie mit mehreren Steuerarten konfrontiert. Die wichtigsten sind:

- Umsatzsteuer (Mehrwertsteuer)
- Einkommensteuer oder Körperschaftsteuer

- Gewerbesteuer
- Lohnsteuer

Ausführliche Hinweise zu den einzelnen Steuerarten finden Sie im TaschenGuide „Steuerrecht".

Umsatzsteuer

Die Umsatzsteuer (auch als Mehrwertsteuer bezeichnet) wird auf alle von Ihnen gelieferten Waren und erbrachten Dienstleistungen erhoben. Der Umsatzsteuersatz beträgt derzeit 19 Prozent. Einige Waren (z. B. Lebensmittel, Bücher, Antiquitäten) werden noch mit einem ermäßigten Satz von 7 Prozent besteuert. Nur in Ausnahmefällen sind Waren oder Dienstleistungen von der Umsatzsteuer befreit. Die berechnete Umsatzsteuer ist an das Finanzamt abzuführen.

Die Umsatzsteuer wird auf den Warenwert aufgeschlagen. Dem Endverbraucher müssen Sie den Preis immer inklusive der Umsatzsteuer nennen. Auf der Rechnung muss der Umsatzsteuersatz angegeben sein, darauf hat der Kunde Anspruch. Bei Rechnungen über 150 Euro muss der Steuersatz und -betrag gesondert ausgewiesen sein.

Wenn Sie Waren einkaufen, bezahlen Sie ebenfalls eine Umsatzsteuer. Diese ziehen Sie sich als Vorsteuer ab.

Beispiel:

Sie kaufen Waren für netto 2.000 EUR. Der Lieferant berechnet:

	2.000 EUR	Waren
+	380 EUR	19 % MWSt
	2.380 EUR	zu zahlender Betrag

Diese Waren werden danach an den Endkunden für 2.975 EUR weiterverkauft:

	2.500 EUR	Waren
+	475 EUR	19 % MWSt (Umsatzsteuer)
	2.975 EUR	vom Kunden bezahlt

An das Finanzamt sind nun abzuführen:

	475 EUR	einbehaltene Umsatzsteuer
−	380 EUR	bezahlte Vorsteuer
	95 EUR	Zahllast

Diese Abführung der Umsatzsteuerzahllast an das Finanzamt erfolgt in der Regel monatlich, nur bei sehr kleinen Umsätzen kann die Voranmeldung auch vierteljährlich oder gar jährlich abgegeben werden. Bis zum zehnten Tag des Folgemonats muss eine selbst berechnete Umsatzsteuervoranmeldung auf einem amtlichen Vordruck elektronisch an das Finanzamt gesandt werden, gleichzeitig ist die ermittelte Zahllast zu überweisen.

Eine Erleichterung ist die Dauerfristverlängerung, die beim Finanzamt zu beantragen ist. Gewährt das Finanzamt diese Verlängerung, so muss die Voranmeldung und Zahlung erst einen Monat später erfolgen. Für den Monat März beispielsweise dann bis zum 10. Mai.

> Die abzuführende Umsatzsteuer wird vom Unternehmer aus seinen Umsätzen einbehalten. Das Geld ist also vorhanden. Deshalb gewährt das Finanzamt bei der Umsatzsteuer grundsätzlich keinen Zahlungsaufschub.

Einkommensteuer/Körperschaftsteuer

Auf den Gewinn ist Einkommensteuer (beim Einzelkaufmann und der Personengesellschaft) oder Körperschaftsteuer (bei der GmbH bzw. AG) zu entrichten. Der Einkommensteuersatz steigt mit zunehmendem Einkommen progressiv an, der Spitzensatz beträgt (inkl. SolZ) zurzeit bis zu 47,5 Prozent. Die Körperschaftsteuer wird gleichmäßig mit 15 Prozent zuzüglich ca. 15 Prozent Gewerbesteuer berechnet.

Beim Einzelkaufmann oder Teilhaber an einer Personengesellschaft wird der Gewinn aus dem Unternehmen mit anderen Einkünften (z.B. aus Zinseinnahmen) zusammengerechnet und erst dann versteuert. Sofern in der Anlaufphase des Unternehmens Verluste entstehen, können diese deshalb mit anderen positiven Einkünften verrechnet werden.

Beispiel:

Der Unternehmer A erzielt im Gründungsjahr einen Verlust von 30.000 EUR, gleichzeitig hat er steuerpflichtige Zins- und Mieteinnahmen von 45.000 EUR. Zu versteuern ist dann nur die Differenz von 15.000 EUR.

Bei der GmbH oder AG werden die Gewinne ganz oder teilweise an die Anteilseigner ausgeschüttet. Dies gilt auch im Fall der sogenannten Einmann-GmbH. Beim Anteilseigner wird der Gewinn dann wieder mit anderen Einkünften zusammengeführt, allerdings nur zu 60 Prozent als steuerpflichtiges Einkommen behandelt (Teileinkünfteverfahren). Da man Verluste in einer GmbH nicht ausschütten kann, müssen diese dort bis zur Verrechnung mit Gewinnen in späteren Jahren verbleiben.

> (Anlauf-)Verluste in einer GmbH können nicht mit anderen positiven Einkünften beim Anteilseigner verrechnet werden. Insoweit stellt sich die GmbH zwar schlechter als ein Einzelkaufmann oder eine Personengesellschaft dar, jedoch wird dieser Nachteil oft gegenüber anderen Vorteilen geringer zu gewichten sein.

Gewerbesteuer

Sofern Sie kein freiberufliches Unternehmen gegründet haben, fällt neben der Einkommensteuer oder Körperschaftsteuer auch noch die Gewerbesteuer auf den Gewerbeertrag an. Der Gewerbeertrag ist der geringfügig veränderte Gewinn. Er wird nach den Vorschriften des Einkommen- und Körperschaftsteuergesetzes ermittelt. Im Gegensatz zu Kapitalgesellschaften dürfen Einzelkaufleute und Personengesellschaften die gezahlte Gewerbesteuer pauschaliert mit der Einkommensteuer verrechnen, so dass regelmäßig keine zusätzliche Belastung durch die Gewerbesteuer entsteht.

> Obwohl Kapitalgesellschaften (GmbH oder AG) die Gewerbesteuer nicht verrechnen dürfen, ist die steuerliche Gesamtbelastung hier ähnlich hoch wie bei anderen Rechtsformen, da die Körperschaftsteuer mit 15 Prozent deutlich niedriger als bei den anderen Unternehmen ist.

Lohnsteuer

Als Unternehmer zahlt man selbst keine Lohnsteuer, sondern Einkommensteuer. Für angestellte Arbeitnehmer muss der Arbeitgeber jedoch die folgenden Aufgaben übernehmen:

- Berechnen der abzuführenden Lohnsteuer
- Einbehalten der Lohnsteuer vom Bruttogehalt einschließlich sogenannter geldwerter Vorteile (unentgeltliche Überlassung von Waren oder Dienstleistungen, u.a. auch bei Betriebsveranstaltungen)
- Führen eines Lohnkontos für jeden Arbeitnehmer
- Anmeldung und Abführung der Lohnsteuer
- Ausstellen einer Lohnsteuerbescheinigung

In bestimmten Fällen (z.B. Lohnsteuerpauschalierung bei Teilzeitbeschäftigten) können noch weitere Aufgaben hinzukommen. Sofern nur wenige Arbeitnehmer mit einem fixen Gehalt beschäftigt werden, ist der Arbeitsaufwand jedoch minimal, da sich die Werte in der Regel innerhalb eines Jahres nicht verändern.

> Der Arbeitgeber haftet für die pünktliche und vollständige Abführung der Lohnsteuer. Diese Aufgaben müssen deshalb sorgfältig vorgenommen werden. Es gibt Büros, die sich auf Lohnabrechnungen spezialisiert haben, aber auch gute PC-Programme, die diese Arbeit wirkungsvoll unterstützen.

Wird vom Bruttolohn die Lohnsteuer abgezogen, nennt man dies Nettolohnberechnung. Bei der Nettolohnberechnung müssen vom Arbeitgeber auch die Sozialversicherungsbeiträge (Kranken-, Renten-, Pflege- und Arbeitslosenversicherung) ermittelt, elektronisch an die Krankenkasse übermittelt und abgeführt werden.

Steuerliche Hilfen nutzen

Der Gesetzgeber gewährt insbesondere kleineren Unternehmern steuerliche Hilfen. So darf ein Betrag bis zu 40 Prozent der zukünftigen Anschaffungs- oder Herstellungskosten eines zu beschaffenden Gutes gewinnmindernd in einen „Investitionsabzugsbetrag" eingestellt werden (§ 7g Abs. 1 EStG).

Dies sind die Rahmenbedingungen:

- Das Betriebsvermögen darf maximal 235.000 EUR betragen.
- Die Beschaffung muss spätestens drei Jahre nach Bildung des Investitionsabzugsbetrags erfolgen, andernfalls erhöht der nicht verbrauchte Investitionsabzugsbetrag wieder den Gewinn.
- Das Gut muss nach seiner Beschaffung mindestens ein weiteres Jahr betrieblich genutzt werden.
- Die Summe aller Investitionsabzugsbeträge darf pro Unternehmen 200.000 EUR nicht übersteigen.
- Bei der Beschaffung des Anlagegutes erfolgt regelmäßig eine Verrechnung des Investitionsabzugsbetrags mit den Anschaffungs- oder Herstellungskosten des Gutes, so dass sich geringere jährliche Abschreibungen ergeben.

Beispiel:

In 2012 beschließt ein Existenzgründer die Anschaffung einer weiteren Maschine für 200.000 EUR in 2014.

Somit kann in 2012 eine gewinnmindernde Rücklage bis zu 80.000 EUR (40 Prozent der geplanten Investition) gebildet werden. Die Investition muss tatsächlich bis zum Jahr 2015 (drei Jahre nach Bildung der Rücklage) erfolgen. Diese Rücklage ist entweder zum Zeitpunkt der Investition oder ebenfalls bis zum Jahr 2015 aufzulösen.

> Jedes kleinere Unternehmen kann bei der Beschaffung einer neuen beweglichen Sachanlage neben der planmäßigen Abschreibung eine zusätzliche Sonderabschreibung bis insgesamt 20 Prozent im Jahr der Beschaffung und in den vier folgenden Jahren in Anspruch nehmen (§ 7g Abs. 5 EStG).

Analyse der ersten Erfolge

Wenn die Tage der Betriebseröffnung schon fast vergessen sind und sich erste Routine einstellt, sollten Sie daran denken, die Entwicklung Ihres Unternehmens zu prüfen. Sie sollten ermitteln, welche Produkte die höchsten Erträge bringen, wo eventuelle Schwachstellen beseitigt werden müssen und wie sich der Erfolg weiter steigern lässt. Allerdings ist es dazu notwendig, dass Sie – schon bevor Sie sich diese Fragen stellen – die Zahlen des eigenen Unternehmens zuverlässig gesammelt haben.

Welche Daten Sie zur Betriebsanalyse benötigen

Eine aussagekräftige Analyse erhalten Sie, wenn Sie neben finanziellen Daten auch Verkaufsstatistiken und Daten zur Auftragslage mit berücksichtigen. Grundsätzlich müssen Sie keine allzu umfangreichen Datensammlungen erstellen, es reicht aus, wenn Sie regelmäßig einige wichtige Informationen sammeln. Die für eine Erfolgsanalyse benötigten Daten im finanziellen Bereich erhalten Sie u.a. aus den folgenden Quellen:

- Buchhaltung
- Lieferantenstatistiken
- eigene Kosten- und Umsatzaufstellungen

Daneben benötigen Sie einige Informationen aus dem nicht finanziellen Bereich wie z.B.:

- Verkaufsstatistiken aufgeteilt nach Produkten/Dienstleistungen
- Verkaufsstatistiken aufgeteilt nach Regionen
- Dauer und Umfang von Aufträgen

Diese Unterlagen führen Sie entweder selbst (z.B. Verkaufsstatistiken), oder sie werden Ihnen zur Verfügung gestellt (z.B. Buchhaltung).

Nutzen Sie die Buchhaltung als Informationsquelle

Die Buchhaltung muss ohnehin erstellt werden, und sie nur für das Finanzamt zu nutzen, wäre sehr schade. Gerade aus der Buchhaltung kann der Unternehmer sehr wesentliche Informationen über die Erfolgsquellen seines Unternehmens gewinnen.

Sie sollten dazu die Buchhaltung sinnvoll nach verschiedenen Kostenarten gliedern, da dies eine leichte Auswertung ermöglicht. Entsprechendes gilt für die Aufteilung der Umsätze zumindest nach bestimmten Umsatzgruppen.

Beispiel:

Ein Bäcker kann seine Umsätze wie folgt gliedern:
1. Brot
2. Brötchen und andere Kleinbackwaren
3. Kuchen
4. Torten
5. Kaffee
6. sonstige Umsätze (z. B. Kaffeemaschinen)

Werden die Kosten dazu entsprechend aufgeteilt, lässt sich problemlos der Gewinn in jeder Produktgruppe ermitteln. Die entsprechenden Einteilungen übernimmt derjenige, der für Sie die Buchhaltung erstellt. Achten Sie darauf, dass die Einteilung für Ihre Zwecke sinnvoll ist. Sichern Sie sich durch fachlichen Rat ab.

Mehr Transparenz durch Kostenstellen

Sofern Sie einen größeren Betrieb gegründet haben, oder Filialen, Außenstellen oder Verkaufsbüros einrichten wollen, bietet es sich an, für jede Filiale usw. in der Buchhaltung eine Kostenstelle einzurichten. Dies bedeutet, dass die Umsätze und Kosten nicht nur nach Gruppen gegliedert werden, sondern auch nach dem Ort ihrer Entstehung (Kostenstelle). So können Sie leicht den Gewinn für jede Filiale ermitteln und ggf. auf unrentable Filialen reagieren.

Bei einer derartigen Aufteilung der Kosten nach Kostenstellen werden Sie immer einige Kosten haben, die Sie keiner Filiale zuordnen können, z. B. Kosten einer gemeinsamen Werbung oder Aufwand für die Steuerberatung. Für diese sogenannten Gemeinkosten wird eine zusätzliche Kostenstelle („Overhead") eingerichtet.

Die Ergänzung der Buchhaltung um eine kleine Kostenstellenrechnung ist ohne großen Aufwand zu leisten. Bereits einfache Buchhaltungsprogramme für den PC verfügen über entsprechende Eingabemöglichkeiten, und in der Regel erledigt dies ohnehin der Steuerberater.

Wie Sie die finanziellen Daten auswerten
Betriebswirtschaftliche Auswertung (BWA)

Die Basisauswertung eines jeden mittelständischen Unternehmers ist die betriebswirtschaftliche Auswertung, kurz BWA. Diese Auswertung erhalten Sie von Ihrem Buchhalter oder Steuerberater jeden Monat. Ihre Aufgabe besteht darin, sich die Ergebnisse anzusehen und angemessen zu reagieren.

In vielen Fällen ist der einzelne Umsatz- oder Kostenwert eines Monats von eher geringer Aussagekraft. Deshalb ist es sinnvoll, sich die Entwicklung regelmäßig über mehrere Monate anzusehen. Um sich diese Arbeit zu erleichtern, sollten Sie die einzelnen Monatswerte in eine übersichtliche Tabelle übertragen. Sie erhalten so einen schnellen Überblick über die Entwicklung in den einzelnen Monaten und Quartalen. Diese Arbeit kann durch ein Tabellenkalkulationsprogramm wirkungsvoll unterstützt werden. Diese leicht zu bedienenden

PC-Programme geben Ihnen nicht nur einen schnellen Überblick, sondern erlauben die einfache Erstellung von Grafiken (z.B. Umsatzkurven). Vielen Unternehmern sagen einige wenige Schaubilder mehr als eine große Sammlung von Zahlen.

> Die Arbeit mit dem Tabellenkalkulationsprogramm können Sie in der Regel leicht „delegieren". Vielleicht haben Sie Kinder im Schulalter, die gerne am Computer sitzen und denen es Spaß macht, für Sie die Umsatz-, Kosten- und Gewinnkurven am PC zu erstellen.

Kennzahlen

In vielen Fällen lässt sich die Aussagekraft Ihrer Zahlen dadurch steigern, dass Sie sogenannte Kennzahlen bilden. Kennzahlen sind Werte, die zwei oder mehr Einzelwerte in eine bestimmte Beziehung zueinander setzen.

Beispiel:

Im Personalbereich ist es interessant zu erfahren, wie hoch der Umsatz pro Mitarbeiter ist, um die Effizienz der Mitarbeiter zu beurteilen und in ihrer zeitlichen Entwicklung zu verfolgen:

$$\text{Umsatz pro Mitarbeiter} = \frac{\text{Gesamtumsatz}}{\text{Anzahl der Mitarbeiter}}$$

Für jede Produktgruppe ist die sogenannte Umsatzrendite aussagekräftig. Sie erfahren durch diese Kennzahl, wie viel Prozent Gewinn in jedem Euro des Umsatzes enthalten sind:

$$\text{Umsatzrendite} = \frac{\text{Gewinn einer Produktgruppe} \times 100}{\text{Umsatz einer Produktgruppe}}$$

Anhand der Umsatzrendite kann eine ABC-Analyse der Produkte oder Produktgruppen durchgeführt werden. An die erste Stelle (A) wird das Produkt mit der höchsten Umsatzrendite gestellt, an zweiter Stelle (B) folgt das Produkt mit der nächsthöheren Rendite usw. So erkennen Sie ganz einfach Ihre gewinnstarken und gewinnschwachen Produkte.

> Beschränken Sie sich bei der Kennzahlenbildung auf einige wenige Werte, die Sie dann aber regelmäßig ansehen, um möglichst frühzeitig Abweichungen zu erkennen. Nur so können Sie ausreichend schnell auf veränderte Situationen reagieren.

Was Sie den nicht finanziellen Daten entnehmen können

Ebenso wichtig wie die finanziellen Daten sind die nicht finanziellen Daten. Sie geben Aufschluss über die Produktqualität, den Servicegrad oder die Kundenzufriedenheit. Hier können Sie beispielsweise die folgenden Faktoren beobachten:

- Häufigkeit von Reklamationen durch Kunden
- positive oder negative Äußerungen von Kunden
- Anteil bzw. Umfang von Ausschuss oder von verdorbener Ware
- Quote von Produkten, die von Kunden nachbestellt wurden, bzw. Anteil an Stammkunden
- Umfang rückständiger (nicht termingerechter) Arbeiten

Diese Daten geben Ihnen Aufschluss über die Wirtschaftlichkeit Ihres Unternehmens und die Effizienz der Leistungserstellung. Sollten sich bei diesen Daten negative Entwicklungen abzeichnen, müssen schnellstens Maßnahmen ergriffen werden, bevor der Ruf Ihres Unternehmens leidet. Gerade auch in der Aufbauphase sollten Sie bzw. Ihr Unternehmen durch eine hohe Servicebereitschaft und Produktqualität überzeugen.

Haben sich Ihre Pläne erfüllt?

Die Pläne, die Sie für Ihre Existenzgründung erstellt haben, sollten im Idealfall eingehalten werden. Dabei braucht Ihnen eine Planübererfüllung in der Regel keine Sorgen zu machen. Es zeugt vielmehr von guter unternehmerischer Leistung, wenn Ihre Umsätze höher und die Kosten niedriger sind als geplant.

Andere Planwerte dagegen sollten möglichst genau eingehalten werden. Dazu zählen beispielsweise die Finanzpläne. Werden Kredite zu schnell zurückgezahlt, könnten Finanzengpässe die Folge sein; werden Kredite zu langsam zurückgezahlt, hat dies meistens negative Folgen für zukünftige Kreditverhandlungen.

Wenn Sie Ihre Planerwartungen jedoch unterschreiten, müssen Sie so schnell wie möglich die Ursachen dafür herausfinden. Zu niedrige Umsätze oder zu hohe Kosten können zu ernsthaften Zahlungsschwierigkeiten führen. In diesen Fällen sind Gegenmaßnahmen zu ergreifen, so lange Sie die eingeplanten „Polster" noch nicht verbraucht haben, also so lange Sie noch voll handlungsfähig sind.

Wie Sie auf Planabweichungen reagieren können

Um rechtzeitig geeignete Gegenmaßnahmen für die von Ihnen festgestellten Planabweichungen einleiten zu können, bedarf es einer eingehenden Analyse der Ursachen. Sie sollten diese Analyse auch umgehend nach Bekanntwerden der Probleme durchführen. Denn viele Maßnahmen brauchen eine gewisse Zeit, bevor sie zu den gewünschten Ergebnissen führen. Nur durch ein rechtzeitiges Handeln können Sie mögliche Schwierigkeiten vermeiden!

Suchen Sie nach den Ursachen

Die Gründe für die Abweichungen von Ihrem Plan können vielfältig sein. Es können interne Gründe sein – also Planungsfehler oder Fehleinschätzungen – oder auch externe Gründe, die Sie so nicht vorhersehen konnten.

Die internen Gründe

Gerade bei Existenzgründern führen häufig Planungsfehler und ein falsches Abschätzen des Marktes zu Problemen mit der Einhaltung der geplanten Umsatz- und Kostenzahlen. Welche Ursachen können nun im Einzelnen intern für das Nichterreichen Ihrer Planziele verantwortlich sein?

- eine fehlerhafte Preiskalkulation:

    Kalkulieren Sie wirklich alle Kosten mit ein. Sollte Ihr Angebotspreis dann über dem Marktüblichen liegen, so sollten Sie schnellstens Ihre Kosten überprüfen, um zu sehen, wo Sie noch Einsparungen vornehmen können.

- eine falsch eingeschätzte Marktentwicklung:

Planen Sie Ihre Umsätze mit den sich abzeichnenden Absatzmengen und korrigieren Sie Ihren Finanzplan. So erhalten Sie rechtzeitig einen Überblick, in welchem Monat bei Ihnen Finanzierungslücken auftreten. Sprechen Sie gegebenenfalls auch mit Ihrer Hausbank, um die Finanzierung zu sichern.

Zu hohe Kosten entstehen z. B. durch:

- zu teuer eingekaufte Rohstoffe oder Vorprodukte

  Versuchen Sie günstiger einzukaufen. Verhandeln Sie über Sonder- und Mengenrabatte. Notfalls wechseln Sie den Lieferanten.

- einen überhöhten und in dieser Höhe nicht geplanten Verbrauch an Betriebs- und Verbrauchsstoffen (z. B. Strom, Wasser, Gas, Telefon usw.)

  Überprüfen Sie die einzelnen Kostenstellen und suchen Sie nach Einsparungsmöglichkeiten.

- einen zu großen Personalbestand

  Überprüfen Sie noch einmal Ihren Personalbestand. Benötigen Sie tatsächlich so viele Angestellte?

- zu hohe Reparatur- und Nachbesserungskosten

  Überprüfen und verbessern Sie regelmäßig die Qualität Ihrer Produkte und Dienstleistungen. So mindern Sie die hohen Kosten für die Gewährleistung.

> Mit der Korrektur von internen Fehlern sollten Sie sofort beginnen, wenn Sie deren Ursachen erkannt haben.

Die externen Gründe

Es gibt auch äußere Einflüsse, die Ihnen einen Strich durch Ihre Planung machen können:

- Änderung des Kundenverhaltens,
- geringere Kaufkraft beim Kunden,
- neu entwickelte Produkte der Konkurrenz.

Zu hohe Kosten können entstehen durch

- technischen Fortschritt,
- Änderungen in der Gesetzgebung,
- Änderungen in den kommunalen Vorhaben.

Zur Lösung dieser externen Gefahren sollten Sie zunächst versuchen, diese in kurz- und langfristige Einflüsse einzuteilen. Längerfristigen Einflüssen, wie zum Beispiel der Änderung des Kundenverhaltens, können Sie nur entgegentreten, wenn Sie sich dem neuen Kundenverhalten anpassen und Ihre Produkte bzw. Dienstleistungen umstellen. Einflüsse, bei denen absehbar ist, dass sie nur von kurzer Dauer sind, wie zum Beispiel die Umsatzflaute nach dem Weihnachtsgeschäft im Januar, sollten sich bereits in Ihrer Planung niederschlagen. Diese Einflüsse verlangen aber keine grundlegenden Änderungen in Ihrer Verkaufsstrategie.

> Sie sollten auch bereits kleinen Planabweichungen oder Fehlentwicklungen nachgehen, bevor sich diese zu einem schwer zu beherrschenden Problem ausweiten. Im Frühstadium lassen sich Probleme in aller Regel noch leicht in den Griff bekommen, so dass Sie vor einer Plan-Ist-Analyse keine Scheu haben sollten.

Special: Der Gründungszuschuss

Soll aus der Arbeitslosigkeit heraus ein Unternehmen gegründet werden, so kann der Gründer eine spezielle Förderung in Anspruch nehmen. Existenzgründer, welche ein gewerbliches oder freiberufliches Einzelunternehmen gründen wollen, können bei der Agentur für Arbeit einen Gründungszuschuss beantragen.

- In den ersten neun Monaten der Förderung erhält der Existenzgründer zusätzlich zu seinem individuellen Arbeitslosengeld einen monatlichen Zuschuss von 300 Euro.
- Für weitere sechs Monate wird nur noch der Zuschuss von 300 Euro gezahlt.

Damit kann ein maximaler Förderbetrag von 4.500 Euro erreicht werden.

Die Gewährung dieser Förderung ist an die folgenden Voraussetzungen gebunden:

- Sie sind arbeitslos. Eine Zuschussgewährung zur Vermeidung einer drohenden Arbeitslosigkeit ist nicht zulässig, ebenso können Sie für drei Monate nicht gefördert werden (sog. Karenzzeit), wenn Sie ohne wichtigen Grund selbst gekündigt haben; damit sollen „Mitnahmeeffekte" vermieden werden. Grundlage für die Förderung ist die Überprüfung der Tragfähigkeit Ihres Gründungsvorhabens durch fachkundige Experten. Zusätzlich müssen Sie Ihre persönliche und fachliche Eignung darlegen, um eine Förderung zu erhalten. Um Kosten zu reduzieren und Anreize für eine frühzeitige Gründung zu setzen, soll nur noch gefördert werden, wer über einen Restanspruch auf Arbeitslosengeld von mindestens 3 Monaten verfügt. Sofern Sie die Voraussetzungen erfüllen, haben Sie einen Rechtsanspruch auf die Förderung in der ersten (neunmonatigen) Phase.

- Die Förderung in der zweiten Phase ist eine Ermessensentscheidung. Für diese Entscheidung wird insbesondere geprüft, ob und wie weit sich Ihre neue Existenz schon bewährt hat. Hierzu ist es zweckmäßig auf bereits existierende Kunden und Umsätze verweisen zu können. Auch kann eine gutachterliche Stellungnahme eines externen Beraters hilfreich sein.

Ausführliche Informationen zu dieser staatlichen Förderung bekommen Sie im TaschenGuide „Gründungszuschuss – erfolgreich in die Selbstständigkeit".

Sollte Ihre neue Firma scheitern, müssen die erhaltenen Fördermittel nicht zurückgezahlt werden. Beachten Sie aber, dass sich innerhalb der Förderdauer Ihr Anspruch auf Arbeitslosengeld weiter abbaut. Sollten Sie Ihr neues Unternehmen nicht weiterführen können, müssen Sie deshalb ggf. direkt Hartz-IV-Leistungen beantragen. Zur Absicherung gibt es aber die Möglichkeit, zu Beginn Ihrer Existenzgründung eine freiwillige Arbeitslosenversicherung abzuschließen.

Nützliche Adressen

Gründungsberatung

Die Adresse Ihrer örtlichen IHK oder Handwerkskammer finden Sie im Telefonbuch.

Alt hilft Jung e.V.
Bundesarbeitsgemeinschaft der Wirtschafts-Senioren
Die Regionalvereine für jedes Bundesland sind gelistet unter www.althilftjung.de

ADT – Bundesverband Deutscher Innovations-, Technologie- und Gründerzentren e.V
.Jägerstr. 67
10117 Berlin
www.adt-online.de
Tel. 030/39200581

DFV – Deutscher-Franchise-Verband e.V.
Luisenstr. 41
10117 Berlin
Tel. 030/278902-0
www.franchiseverband.com

Fördermittel

Eine Übersicht über aktuelle Förderprogramme erhalten Sie beim Bundesministerium für Wirtschaft und Technologie-
Scharnhorststr. 34–37
10115 Berlin
Tel. 0180-5615001
Internet: www.bmwi.de
(Link „Mittelstand" aufrufen)
oder www.foerderdatenbank.de

Über die Bewilligung von Zuschüssen informiert Sie das Bundesamt für Wirtschaft und Ausfuhrkontrolle
Referat 411
Frankfurter Straße 29-35
65760 Eschborn
Telefon 0 61 96/90 80
www.bafa.de

KfW-Bankengruppe
Palmengartenstr. 5-9
60325 Frankfurt am Main
Tel. 0180-241124
www.kfw.de
infocenter@kfw.de

Teil 2: Businessplan

Vorwort

Aus der US-Gründerszene wird gern folgender Satz zitiert: „They don't plan to fail. They fail to plan." Das Wortspiel lässt sich leider nicht direkt ins Deutsche übersetzen. Sinngemäß aber heißt es, dass es nicht geplant ist, zu scheitern. Das Scheitern liegt vielmehr darin, nicht zu planen. Diese Aussage hat bis heute nichts an Aktualität verloren. Egal, ob Sie enthusiastischer Gründer sind, als Nachfolger von einem ausscheidenden Inhaber eine Firma übernehmen wollen, oder als alter Hase in einem Unternehmen einer Innovation zum Durchbruch verhelfen möchten: Ohne ausreichende Planung, also der Erstellung eines Businessplans, ist Erfolg nur noch schwer möglich.

Dieser TaschenGuide ist für all diejenigen gedacht, die sich schnell einen Überblick über die wichtigsten Bestandteile eines Businessplans verschaffen wollen. Er hilft, die häufigsten Fehler zu vermeiden, indem er aufzeigt, was gute von schlechten Businessplänen unterscheidet. Durch die konkrete „Schritt-für-Schritt"-Anleitung wird es jedem sehr einfach gemacht, einen für ihn geeigneten Businessplan zu erstellen.

Viel Erfolg bei der Umsetzung Ihres Businessplans!

Axel Singler

Der Businessplan – so wird er Ihr Schlüssel zum Erfolg

Wer einen Businessplan erstellt, braucht viel Energie, Zeit und Geduld. Aber die Mühe lohnt sich! Mit dem Businessplan erhalten Sie eine Art Grundriss für Ihr Geschäftsvorhaben. Erfahren Sie hier zunächst:

- Was ein Businessplan überhaupt ist
- Welchen Nutzen er hat
- Welche Arten es gibt
- 10 goldene Regeln für Ihren Businessplan

Was ist ein Businessplan?

Stellen Sie sich vor, Sie wollen im nächsten Urlaub mit zwei Freunden zu Fuß die Alpen überqueren. Wie gehen Sie dieses Vorhaben an? Einige werden sagen: Ich nehme mir 14 Tage Urlaub und dann laufen wir mal los. Das ist auch ein Weg! Aber ob Sie in der vorgesehenen Zeit und gesund auf der anderen Alpenseite ankommen, darf bezweifelt werden. Die meisten von Ihnen werden sich erst einmal erkundigen: nach der besten Strecke, dem Wetter, nach Schwierigkeitsgraden, Unterkünften, und, und, und. Kurz gesagt: Sie informieren sich zunächst, um anschließend eine Route auszuarbeiten, auf der Sie gehen wollen. Wenn Sie dann starten, haben Sie einen genauen Plan im Kopf. Sie können jeden Abend überprüfen, ob Sie noch im „Soll" sind oder ob es, z. B. durch schlechtes Wetter, zu Verzögerungen gekommen ist, die Sie wieder reinholen müssen.

Genauso wie bei dieser fiktiven Urlaubsvorbereitung verhält es sich auch bei einem Businessplan. Nur dass hier der Ausgangspunkt keine Reise, sondern Ihre Geschäftsidee ist. Indem Sie sich gründlich vorbereiten, überlegen, was Sie bei der Umsetzung alles berücksichtigen müssen und wie Sie genau vorgehen wollen, schließen Sie Risiken aus. Außerdem können Sie immer wieder überprüfen, wo eventuell Abweichungen vorliegen, deren Ursachen analysieren und frühzeitig gegensteuern.

> Der Businessplan entstand in den USA als Entscheidungsgrundlage für Investoren. In Deutschland setzte er sich Mitte der 90er Jahre durch, als zahlreiche Gründerwettbewerbe ihn zur Voraussetzung für eine Teilnahme machten.

Sachlich definiert, ist ein Business- oder Geschäftsplan eine schriftliche Zusammenfassung eines unternehmerischen Vorhabens. Basierend auf Ihrer Geschäftsidee stellen Sie darin Ihre Strategie und die Ziele dar, die mit der Herstellung, dem Vertrieb und der Finanzierung Ihres Produkts oder Ihrer Dienstleistung verbunden sind. Außerdem muss der Geschäftsplan alle betriebswirtschaftlichen und finanziellen Aspekte eines Vorhabens beleuchten. Ein Geschäftsplan ist daher vor allem ein Werkzeug und ein Verkaufspapier

Der Businessplan als Werkzeug

Weil Sie Ihre Ziele und Ihre Strategie darin einfach und punktgenau dokumentieren, eignet sich ihr Businessplan gut als Werkzeug. Er verhilft Ihnen zu einer systematischen Vorgehensweise. Sie müssen alle relevanten Punkte durchdenken und Prioritäten setzen. Durch die schriftliche Fixierung werden Entscheidungen konkret, noch vage Vorstellungen werden nun präzise formuliert. Ihr Geschäftsplan gibt Ihnen wie eine Karte den künftigen Weg an und zeigt, ob Richtung und Geschwindigkeit stimmen.

Aber er ist kein starres Dokument. Er entwickelt sich weiter. Immer wenn Sie in eine Sackgasse geraten, passen Sie ihn entsprechend an, um einen neuen Weg auszuprobieren. Verstehen Sie ihn als eine Art Trockenübung. Ihre geschäftliche

Zukunft bekommt dadurch ein konkretes Gesicht. Es ist der Bauplan Ihrer Firma. Auch wenn das Verfassen eines Geschäftsplans eine große Herausforderung ist: Er bietet die Chance, Ihr Vorhaben ohne großes Risiko zu durchdenken. Es ist billiger, dieses Vorhaben jetzt abzubrechen als nach zwei Jahren „planloser" Tätigkeit.

Verkaufen mit dem Businessplan

Ein gut ausgearbeiteter Geschäftsplan ist die Visitenkarte Ihres Vorhabens und zeigt, dass Sie mit Ihrem Produkt oder Ihrer Dienstleistung Geld verdienen können. Damit bildet er die Grundlage für Ihre Gespräche mit:

- Banken
- Öffentlicher Hand
- Förderinstitutionen
- Risikokapitalgebern (Venture Capitalists)
- Business Angels (Privatpersonen, die Gründer und Jungunternehmer mit Kontakten, Know-how und/oder Kapital unterstützen)
- Beratern
- Kooperationspartnern
- Bürgen
- die eigene Geschäftsleitung
  (bei firmeninternen Innovationen).

Was haben Sie von einem Businessplan?

Einen Businessplan zu erstellen und ihn im Anschluss jederzeit als Arbeitsinstrument zur Hand zu haben, hat zahlreiche Vorteile:

- Er hilft Ihnen, andere von Ihrem Vorhaben zu überzeugen: Wenn Sie in Gesprächen Ihren Businessplan vorlegen, haben Sie bereits bewiesen, dass Sie mit der Komplexität einer Unternehmensgründung umgehen können. Zu diesem Zeitpunkt können Sie zu Recht stolz auf Ihre Leistung sein. Den Lesern zeigt er, dass Sie es ernst meinen. Es ist ein erster Schritt, andere von Ihrem Vorhaben und Ihren Fähigkeiten zu überzeugen.

- Er ist zwingende Voraussetzung für die Kapitalbeschaffung: Ohne eine quantitative und qualitative Darstellung Ihres Firmenkonzepts können Sie weder Investoren zum Einstieg bewegen noch einer Bank eine Kreditzusage entlocken.

- Er gibt Ihnen die Möglichkeit, Ihren Erfolg zu kontrollieren: Der Plan ist Ausgangspunkt für Ihr Controllingsystem. Jeder Schritt kann nachvollzogen, jede Abweichung muss bewertet werden. Eventuell müssen Sie den Plan anpassen. Bei Schieflagen können Sie frühzeitig entsprechende Gegenmaßnahmen einleiten.

- Er zwingt Sie zu einer systematischen Vorgehensweise: Bei der Erstellung müssen Sie alles logisch und mit System durchdenken. Sie entdecken Wissenslücken und erkennen Probleme. Sie müssen Entscheidungen treffen und sich über Alternativen Gedanken machen. Ihr Handeln wird effektiver und effizienter.
- Er gibt einen Überblick: Der fertige Geschäftsplan fügt alles zu einem stimmigen Ganzen zusammen. Er bietet einen Gesamteindruck Ihres Vorhabens und zeigt dessen Dimension auf.
- Er erhöht Ihre Erfolgsaussichten: Einen Hausbau würde niemand ohne Bauplan beginnen. Ebenso gilt: Ein ausgearbeiteter Businessplan erleichtert die Umsetzung einer Geschäftsidee. Dass dadurch Ihre Erfolgsaussichten steigen, ist inzwischen durch die Praxis bestätigt. Die häufigsten Ursachen für das Scheitern einer Gründung in Deutschland sind ein fehlerhafter Plan, gravierende Abweichungen vom Plan oder das Fehlen eines solchen.
- Er hilft, Risiken besser abschätzen zu können: Die Umsetzung einer Geschäftsidee ist immer mit Risiken verbunden. Risiken können im Unternehmen selbst oder vom Markt her entstehen. Sie lassen sich nicht ausschließen, aber eine genaue Planung und das Bewusstsein, dass im einen oder anderen Fall ein Risiko besteht, mildern die negativen Folgen erheblich ab. Erkannte Risiken können, z.B. durch finanzielle Reserven, gemildert oder ausgeschlossen werden.

- Er hilft, Abhängigkeiten aufzuzeigen: Auch wenn ein Geschäftsplan in einzelne Bausteine gegliedert ist, so ist es doch wichtig, dass alle Kapitel inhaltlich zusammenpassen und das Vorhaben in sich stimmig ist. So haben Aussagen zur Zielgruppe Auswirkungen auf den Marketingplan, die Kommunikationsplanung muss sich mit entsprechenden Zahlen im Finanzplan wiederfinden, geplante Erlöse beeinflussen den Kapitalbedarf. Wenn der Geschäftsplan fertig ist, zeigt sich, ob alle seine Kapitel zusammenpassen.

Wann brauchen Sie einen Businessplan?

Immer dann, wenn Sie eine Geschäftsidee konkret umsetzen wollen, sollten Sie einen Businessplan erstellen – egal, wie umfangreich Ihr Gründungsvorhaben ist. Für die Eröffnung eines Blumengeschäfts benötigen Sie ihn ebenso wie für die Einführung eines neuen innovativen Produktionsverfahrens. Die Fragen, denen Sie sich stellen müssen, sind die gleichen. Nur im Umfang weichen die Pläne voneinander ab.

Doch Unternehmensgründungen sind entgegen weit verbreiteter Meinung längst nicht mehr der einzige Anwendungsbereich für Businesspläne. Gerade in großen Konzernen ist es inzwischen üblich, bei Produkteinführungen, Expansionen oder Firmenkäufen mit diesem Werkzeug zu arbeiten.

Auch wenn Sie im Rahmen einer Nachfolgeregelung eine Firma übernehmen wollen, sollten Sie unbedingt einen Businessplan erstellen. Die Sammlung und Analyse des Zahlenmaterials fällt in diesem Fall sicher leichter. Dafür stehen dann die Fragen nach dem zukünftigen Produktsortiment, der Marketingstrategie und der Finanzierung der Nachfolge im Mittelpunkt.

Businesspläne werden inzwischen eingesetzt bei

- Neugründungen
- Nachfolgeregelungen
- Firmenverkäufen oder -übernahmen
- Strukturveränderungen und Neuausrichtungen
- Fusionen
- Kooperationen
- Neuprodukteinführungen
- Expansion in andere Märkte
- Kapitalerhöhungen
- Börsengängen
- Beantragung von öffentlichen Fördermitteln
- Erlangung von Erweiterungskrediten bei der Bank

Arten, Aufbau und Umfang

Bei so vielen unterschiedlichen Anwendungsbereichen für Businesspläne ist klar, dass nicht alle die gleichen Schwerpunkte setzen. So hat ein firmeninternes Dokument andere Inhalte als eines für eine Neugründung. Das Managementteam z.B. muss hier nur kurz oder gar nicht beschrieben werden. Beim Zahlenwerk kann meist auf die internen Controllinginstrumente zurückgegriffen werden. Ein Plan zur Neuprodukteinführung wird seinen Schwerpunkt eher bei den Themen Markt, Wettbewerb, Marketing und Vertrieb haben. Bei Nachfolgeplänen liegt der Fokus auf der Übernahmefinanzierung und der Kompetenz des Nachfolgers.

Doch auch bei Neugründungsvorhaben variiert die Ausarbeitung je Phase der Unternehmensgründung. Da gibt es

- den Kurzplan der Startphase und
- einen ausführlichen Plan in der Gründungsphase.

Wann welches Konzept zum Einsatz kommt, zeige ich Ihnen im Anschluss.

Im allgemeinen Sprachgebrauch meint man aber immer die ausführliche Fassung, wenn von einem Businessplan die Rede ist. Erkundigen Sie sich daher vorab bei Ihrem Gesprächspartner, welche Art er meint, wenn er von Ihnen einen Businessplan wünscht.

Da alle Bestandteile der Kurzfassung auch im ausführlichen Businessplan enthalten sind, beziehen sich die weiteren Erläuterungen in diesem Ratgeber schwerpunktmäßig auf die Ausarbeitung des Letzteren.

So bauen Sie einen Businessplan auf

Welche Kapitel oder Bestandteile ein Businessplan exakt enthalten soll, hat bisher noch niemand eindeutig definiert. Beeinflusst durch amerikanische Vorbilder, Risikokapitalgeber, Unternehmensberatungen, Businessplanwettbewerbe und die Vorstellungen von Banken oder öffentlichen Fördereinrichtungen hat sich in den letzten Jahren ein Quasi-Standard eines Geschäftsplans herausgebildet. Die Reihenfolge der Gliederungspunkte oder die Kapitelaufteilung kann dabei im Einzelfall abweichen. Die relevanten Inhalte sind dagegen fast überall gleich. Ein professioneller Businessplan sollte demnach folgende Kapitel enthalten:

1. **Zusammenfassung (Executive Summary):** Hier stehen die wichtigsten Punkte Ihres Vorhabens – kurz und prägnant formuliert.

2. **Produkt- und Unternehmensidee:** Präsentieren Sie in diesem Abschnitt Ihre Produktidee und den Kundennutzen, auch im Vergleich zu den Wettbewerbern.

3. **Management- bzw. Gründerteam:** Nennen Sie alle Teammitglieder mit ihren spezifischen, für die Gründung wichtigen Qualifikationen.

4. **Markt und Wettbewerb:** An dieser Stelle geben Sie mithilfe von Markt- und Branchendaten vertiefte Einblicke zu Konkurrenten und Kunden.

5. **Marketing und Vertrieb:** Beantworten Sie ausführlich die Fragen nach Ihrer Markteintrittsstrategie und den konkreten Werbe- und Vertriebsüberlegungen.
6. **Unternehmensform:** Hier beschreiben Sie die Gesellschaftersituation, die gewählte Rechtsform und andere formale Punkte.
7. **Finanzplanung:** In der Finanzplanung werden u.a. die Gewinn- und Verlustrechnung, die Liquiditätsplanung und der Kapitalbedarf aufgeführt.
8. **Risikobewertung und Alternativszenarien:** Zeigen Sie die Risiken Ihres Vorhabens auf und machen Sie Angaben über Entwicklungen in Best-case- und Worst-case-Szenarios, also für den Fall, dass sich alles sehr gut oder sehr schlecht entwickelt.

Manche Investoren oder Wettbewerbe verlangen in Businessplänen noch einen Ablaufplan. Es ist zwar vernünftig, einen solchen zu erstellen. Er ist aber aus meiner Sicht kein Bestandteil des Businessplans an sich, da er zu häufig aktualisiert wird. Fragen Sie im Zweifelsfall beim Empfänger nach, ob er einen Ablaufplan vorgelegt haben möchte.

Wie lang sollen Businesspläne sein?

Es ist nicht festgelegt, welchen Umfang ein Geschäftsplan haben soll. Wenn Sie im Bereich der Biotechnologie eine bahnbrechende Erfindung gemacht haben und nun von Investoren drei Millionen Euro einwerben wollen, wird er umfangreicher sein als bei einem Handwerksmeister, der sich selbstständig machen will und eine Anschubfinanzierung über 30.000 Euro von seiner Hausbank braucht.

> Es gilt der Grundsatz, dass der Umfang des Plans zu Ihrem Gründungsvorhaben passen muss.

Schreiben Sie einen Businessplan für ein Vorhaben mit einem starken lokalen Bezug (z. B. Handwerksbetrieb, Gaststätte, Ladengeschäft, Internet-Café) liegen Sie mit einem Umfang von fünf bis zehn DIN A4 Seiten richtig. Handelt es sich um eine Gründung mit regionalem Bezug (z. B. IT-Dienstleistung, Spedition, Landwirtschaft, Handel) sollten zehn bis 20 DIN A4 Seiten ausreichen. Arbeiten Sie zukünftig national oder international und benötigen Sie dafür größere externe Investoren, sollten Sie Ihre Ausführungen auf 20 bis 40 Seiten machen.

Mehr als 50 Seiten sind immer kritisch, da kaum ein Investor bereit ist, so detailliert in einen Plan einzutauchen. Wenn er Interesse hat, wird er sich notwendige Zusatzinformationen in einem persönlichen Gespräch holen.

Die folgende Tabelle gibt für die zwei Arten von Businessplänen, den Kurzplan in der Startphase und den ausführlichen Plan in der Gründungsphase, ungefähre Seitenzahlen für die einzelnen Kapitel an. Die Angaben können allerdings nur eine grobe Orientierung sein und beziehen sich auf eine mittelgroße Gründung, Basis ist ein innovatives Produkt, das auf dem gesamten deutschen Markt verkauft werden soll.

Umfang der Businessplankapitel:

Kapitel	Kurzplan	Gründungsplan
Zusammenfassung	2	3
Produkt- und Unternehmensidee	4	5
Managementteam	1	6
Markt und Wettbewerb	2	5
Marketing und Vertrieb		7
Unternehmensorganisation		4
Finanzplanung		8
Risikobewertung und Alternativszenarien		2
SUMME	9	40

> Achtung: Businessplanwettbewerbe geben teilweise die maximale Seitenzahl der einzureichenden Pläne vor.

Exkurs: Entwicklungsphasen von Unternehmen

Der Umfang eines Businessplans hängt auch von der Phase ab, in der sich das Unternehmen gerade befindet. Daher soll an dieser Stelle kurz auf den idealtypischen Verlauf des Wachstums von Unternehmen eingegangen werden. Dieses kann in drei Phasen unterteilt werden:

- Entwicklung einer Geschäftsidee
- Erstellung eines Businessplans
- Unternehmensgründung und Expansion

In jeder Phase ist der Aufgabenschwerpunkt ein anderer und fordert damit eine andere Aufbereitung des Businessplans.

Phase 1: Entwicklung einer Geschäftsidee

Am Beginn steht Ihre Idee für ein neues Produkt oder eine neue Dienstleistung. Diese muss darauf geprüft werden, inwieweit sie einen wirklichen Kundennutzen bringt und wie groß die mögliche Kundengruppe ist. Zu diesem Zeitpunkt ist es sinnvoll, zu sondieren, wer im zukünftigen Team mitarbeiten könnte. Da Produkt oder Dienstleistung noch nicht fertig entwickelt sind, müssen Sie hier überlegen, mit welchem Partner Sie einen Prototyp entwickeln können.

Finanzielle Unterstützung benötigen Sie in diesem Stadium meist noch nicht. Sie bezahlen Ihr Vorhaben mit eigenem Geld oder werden von Bekannten oder Verwandten unterstützt. Oft wird eine Innovation auch im Rahmen von Forschungsvorhaben finanziert.

> **Ziele für diese Phase**
> - Geschäftsidee und Produkt oder Dienstleistung entwickeln
> - Markt und Wettbewerb beleuchten
> - Geschäftsziele festlegen
> - Ergebnisse in einem Kurzbusinessplan zusammenfassen

Phase 2: Erstellung eines Businessplans

In Phase 2 machen Sie sich ein möglichst komplettes Bild vom gesamten Gründungsvorhaben. Alle Punkte, die Sie später in einem Businessplan zusammenfassen, müssen Sie nun detailliert recherchieren und beleuchten. Erstellen Sie Pläne für die wichtigsten Unternehmensfunktionen wie Entwicklung, Herstellung, Finanzen, Marketing und Vertrieb. Erste finanzielle Überlegungen über Budgets müssen getroffen werden. Sie sollten sich auch mit unterschiedlichen Entwicklungsszenarien beschäftigen. Machen Sie sich außerdem Gedanken über den Preis, die Vermarktungskanäle, und, und, und. Sie sehen: eine komplexe Aufgabe. Achten Sie darauf, den Überblick zu behalten.

In dieser Phase sollten Sie intensiven Kontakt zu externen Ratgebern wie Steuerberatern, Finanzberatern von Banken, Rechtsanwälten, öffentlichen Fördereinrichtungen und Marketingfachleuten suchen. Auch die Ansprache erster Kunden ist wichtig. Stellen Sie Ihre Idee vor und fragen Sie nach der Meinung Ihres Gegenübers. Nur so können Sie Ihre Marktchancen realistisch einschätzen. Außerdem bekommen Sie dadurch erste wertvolle Hinweise für Ihre Produktentwicklung. Denn: ohne Kunden kein Unternehmenserfolg!

Dies ist eine sehr zeitintensive Phase. Je nach Vorhaben ist das nicht „so nebenbei" zu bewältigen. Wenn Sie sich Vollzeit mit Ihrem Businessplan beschäftigen, denken Sie daran, dass Sie nicht nur die Kosten für Ihre private Lebenshaltung bestreiten müssen, sondern auch erste Firmenausgaben hinzukommen. In der Regel finanzieren Sie auch diesen Zeitraum aus eigener Tasche, mit freundschaftlicher Hilfe oder staatlichen Fördermitteln.

Ziele für diese Phase

- Produkt oder Dienstleistung zur Marktreife bringen
- Umfangreichen Businessplan erstellen
- Kapitalgeber suchen
- Finanzierung sichern

Phase 3: Unternehmensgründung und Expansion

Nun wird es spannend: Die Umsetzung des Businessplans beginnt. Sie gründen Ihr Unternehmen und steigen in die operativen Tätigkeiten ein. Jetzt zeigt sich, ob Sie am Markt bestehen können und Ihre Idee genug Gewinn abwirft, um dauerhaft im Wettbewerb zu überleben. Den fortgeführten Geschäftsplan benötigen Sie später, wenn Sie in andere

Bereiche expandieren wollen. Für den Fall, dass Sie institutionelle Investoren an Bord haben, werden diese nach einiger Zeit Gewinn bringend aussteigen wollen. Nutzen Sie dann den Businessplan, um neue oder zusätzliche Geldgeber zu gewinnen. Einen zusammenfassenden Überblick über die einzelnen Phasen sehen Sie in der folgenden Tabelle:

Phase	Dauer	Merkmale	Finanzierung
Entwicklung der Geschäftsidee	6 bis 12 Monate	Geschäftsidee Markterkundung Erstellung Kurzplan	Eigenmittel Fördermittel
Aufstellung Businessplan	6 bis 18 Monate	Produktentwicklung Aufstellung Businessplan externe Gespräche Gründungsvorbereitung oder Gründung	Eigenmittel Fördermittel
Gründung und Expansion	bis zu 36 Monate	Aufnahme Produktion Markteinführung Marktdurchdringung Ausbau der Vertriebswege Erreichung des Break-Even-Punkts	Kredite Risikokapital

10 goldene Regeln für einen guten Businessplan

Unabhängig vom konkreten Gründungsvorhaben und der inhaltlichen Ausgestaltung Ihres Businessplans gibt es zehn Grundregeln, die Sie bei der Erstellung auf jeden Fall beachten sollten. Nur so können Sie erfolgreich zum Ziel gelangen.

Regel 1: Halten Sie durch

Die Ausarbeitung eines Businessplans erfordert vor allem eines: Durchhaltevermögen. Lassen Sie sich nicht vom vermeintlich großen Arbeitsaufwand entmutigen. Gehen Sie Schritt für Schritt vor und teilen Sie die Arbeit in kleine überschaubare Einheiten. Erstellen Sie zuerst die Gliederung. Arbeiten Sie dann die Bausteine nacheinander mithilfe der jeweiligen Fragen ab.

Regel 2: Achten Sie auf Vollständigkeit

Vor der Weitergabe des Plans an Interessenten oder Kapitalgeber sollten Sie noch einmal überprüfen, ob alles vollständig ist. Sind alle notwendigen Kapitel ausgearbeitet? Liegt eine Vertraulichkeitserklärung bei? Haben Sie alle notwendigen Anhänge angefügt?

Regel 3: Sorgen Sie für Klarheit

Für die Orientierung in einem Businessplan ist eine eindeutige und übersichtliche Struktur unerlässlich. Eine gute Gliederung – nach einer Struktur wie in Kapitel 2 gezeigt – gibt dem

Leser einen schnellen Überblick. Formulieren Sie präzise und einfach. Stellen Sie nur die wesentlichen Punkte dar. Tief gehende Detailbeschreibungen sprengen den Rahmen.

Regel 4: Bleiben Sie sachlich

Dass Sie von Ihrer Idee und Ihrem Vorhaben begeistert sind, ist ganz natürlich. Diesen Elan sollten Sie sich auch erhalten, vor allem wenn Sie Ihren Plan später Kapitalgebern vorstellen. In einem Geschäftsplan sind schwärmerische Darstellungen allerdings fehl am Platz. Bemühen Sie sich um Sachlichkeit und geben Sie dem Leser die Chance zu einer objektiven Beurteilung. Auch kritische Punkte sollten Sie erwähnen – allerdings nicht ohne gleichzeitig Lösungsmöglichkeiten aufzuzeigen.

Regel 5: Schreiben Sie verständlich

Umfangreiche technische Details, die nur noch hochkarätige Experten nachvollziehen können, haben in einem Businessplan nichts zu suchen. In dieser Phase sind Kapitalgeber und Förderinstitutionen an solchen Informationen nicht interessiert. Vereinfachte Darstellungen und erklärende Schaubilder reichen aus. Auch belegende Dokumente wie z.B. Patentanmeldungen sind willkommen. Überprüfen Sie immer wieder, ob die technischen Informationen auch für Laien verständlich sind.

Regel 6: Gestalten Sie Ihr Dokument ordentlich

Der erste Eindruck entscheidet. Das gilt auch für Businesspläne. Denn meist sehen Investoren zuerst den Plan und erst dann die Personen dahinter. Die Praxis zeigt, dass ein Dokument, das durch wirre Überschriften- und Textformate auffällt, auch inhaltlich nicht konsequent durchdacht ist. Achten Sie daher auf eine einheitliche Schriftart und gleiche Überschriftformate. Reichern Sie den Text wo möglich und sinnvoll mit Grafiken an und erstellen Sie ein Inhaltsverzeichnis. Eine ordentliche Bindung oder Heftung ist Standard.

Regel 7: Fragen Sie Vertraute nach deren Meinung

Eine verständliche und logische Aufbereitung ist ein wesentliches Erfolgskriterium. Bitten Sie daher schon während der Planerstellung Personen Ihres Vertrauens darum, den Plan kritisch zu durchleuchten. Schwachstellen werden so schnell erkannt. Teilweise erhalten Sie schon wertvolle Tipps für das weitere Vorgehen.

Regel 8: Suchen Sie sich Hilfe

Allein kommen heute nur noch die wenigsten sehr weit. Suchen Sie deshalb frühzeitig Unterstützung bei Experten. Anlaufstellen sind hier z.B. die örtlichen Industrie- und Handelskammern, die Handwerkskammern, Steuerberater, Rechtsanwälte, Fördereinrichtungen der Kommunen und

Hochschulen. Auch Ihr Bankberater kann Ihnen weiterhelfen. (Wertvolle Hinweise finden Sie im Adressteil am Ende des Buches.)

> Finger weg von Anbietern, die Ihnen den Businessplan komplett erstellen! Spätestens bei der persönlichen Präsentation des Plans fällt es auf, wenn Sie mit den Details nicht vertraut sind.

Regel 9: Stimmen Sie alle Teile aufeinander ab

Wenn das Gründerteam aus mehreren Personen besteht, ist es sinnvoll, sich die Ausarbeitung der Businessplankapitel zu teilen. Dabei sollte jeder den Abschnitt bearbeiten, der seiner Spezialisierung entspricht, d.h. der spätere Vertriebsverantwortliche schreibt etwas zum Thema Marketing und Vertrieb, der Finanzchef übernimmt das Kapitel Finanzplanung usw.

Allerdings besteht dann die Gefahr, dass die Bestandteile nicht ausreichend aufeinander abgestimmt sind. Daher sollte zum Schluss eine Person eine in sich stimmige Endfassung erstellen, damit alle Kapitel auch zusammenpassen.

Regel 10: Arbeiten Sie weiter am Plan

„Und sie dreht sich doch!" Dieses Zitat von Galileo Galilei lässt sich auch auf einen Businessplan übertragen: Er ist kein starres Gebilde. Ein Geschäftsplan muss sich entwickeln und ändert sich laufend. Anfangs ist vielleicht nur ein grobes Konzept vorhanden. Aber je mehr Sie sich mit dem Vorhaben beschäftigen, desto klarer wird es. Durch die Ausarbeitung eines Einzelaspekts muss eventuell ein anderer Baustein völlig neu überdacht werden. Vielleicht sind nun Ziele anders zu definieren. Passen Sie den Plan so lange an, bis alles ein harmonisches Ganzes ergibt. Auch wenn er fertig ist, sollten Sie ihn, vor allem am Anfang, immer wieder den Tatsachen angleichen. Überprüfen Sie Ihren fertigen Geschäftsplan nochmals anhand der folgenden Checkliste:

Checkliste: Grundregeln für Ihren Erfolg

	✓
Halten Sie durch?	
Sind alle Kapitel vollständig enthalten?	
Ist Ihr Businessplan klar formuliert?	
Ist Ihr Vorhaben in allen Punkten sachlich dargestellt?	
Ist der Businessplan auch für Laien verständlich?	
Ist Ihr Geschäftsplan optisch gut aufbereitet?	
Haben Sie Ihren Plan in Diskussionen mit anderen getestet?	
Haben Sie Unterstützung und Hilfe gesucht?	
Ist der Plan in sich logisch und stimmig?	
Sind Veränderungen schon in allen Teilen eingearbeitet?	

Das können Sie von Gründern lernen

Ein guter Businessplan hilft Ihnen, Ihre Geschäftsidee umzusetzen. Eine Garantie für den Geschäftserfolg ist er aber natürlich nicht. Fehler können Sie vermeiden, indem Sie sich frühzeitig mit anderen Gründern unterhalten und sie nach ihren Erfahrungen fragen. Nutzen Sie auch die Netzwerktreffen wie Businessplanwettbewerbe oder Fördereinrichtungen sie anbieten. Viele Tipps kann man sich nicht anlesen. Sie bekommen Sie nur im persönlichen Gespräch.

Nachfolgend habe ich einige der Fehler aufgeführt, die von Gründern immer wieder gemacht werden. Allerdings kommen viele erst heraus, nachdem der Businessplan fertig ist, und müssen dann mühselig im Tagesgeschäft ausgebügelt werden. Insofern lohnt sich die Lektüre, damit Sie gewappnet sind.

Häufige Planungsmängel, die sich erst im Nachhinein zeigen

- Der zum Firmenaufbau benötigte Kapitalbedarf wird oft unterschätzt.
- Viele geben zu Beginn Geld für unnütze Dinge aus.
- Gründer scheitern, weil Schlüsselpersonen das Unternehmen in der Startphase verlassen. Bereiten Sie sich darauf vor, solche Stellen schnell wieder zu besetzen.

- Die steuerlich bedingten Zahlungsströme, vor allem das Abführen der Mehrwertsteuer, werden nicht ausreichend berücksichtigt. Eine Umsatzsteuerschuld kann schnell in die Liquiditätsfalle führen.
- Die Anlaufphase, bis erste Kunden gewonnen werden, dauert länger als geplant. Diese Startphase kann bei erklärungsbedürftigen Produkten vom ersten Kundenkontakt bis zum Abschluss teilweise mehr als neun Monate betragen.
- Der Gründer hat saisonale Flauten nicht ausreichend in seine Berechnungen einbezogen. Je nach Geschäft kann es z. B. im Sommer oder um die Weihnachtszeit zu Liquiditätsengpässen kommen. Auch wetterbedingte Unsicherheiten sind nicht zu unterschätzen.
- Die festgelegten Preise sind nicht kostendeckend. Dies kann daran liegen, dass wichtige Kostentreiber bei der Kalkulation vergessen wurden. Oder aber die am Markt zu erzielenden Preise liegen unterhalb der ursprünglichen Planung.
- Der Kunde kann beim Angebot keinen Mehrwert gegenüber den Konkurrenzprodukten erkennen. Entweder es ist kein echter Mehrnutzen vorhanden oder er wurde bisher nur unzureichend kommuniziert.
- Die Werbung erfolgt nicht zielgenau. Statt mit dem Budget wenige, aber zahlungskräftige Schlüsselkunden zu gewinnen, werden Werbemittel breit gestreut oder es wird in einen sehr kostspieligen Markenaufbau investiert.

Unerwartete Hindernisse beim Firmenaufbau

Interessant ist es auch, Gründer in einem Zeitraum von ein bis zwei Jahren nach der Gründung zu fragen:

- Welche unerwarteten Ereignisse sind eingetreten?
- Was wurde von Ihnen falsch eingeschätzt?

Auch diese Erfahrungsberichte helfen Ihnen, schon frühzeitig Hürden und Probleme im Blick zu behalten und entsprechend zu reagieren. Hier können Sie sehen, wie vielfältig die Probleme sind, die bei der Planumsetzung auf Sie zukommen können. Aber es gibt auch positive Überraschungen.

Die Liste erhebt keinen Anspruch auf Vollständigkeit. Sie ist vielmehr eine Art Querschnitt.

- Wir wurden von unserem früheren Arbeitgeber, einem großen Konzern, auf Unterlassung wettbewerbsschädigenden Verhaltens verklagt.
- Erfreulich war die kompetente Unterstützung durch die Bank. Wir wurden, für uns völlig unerwartet, mit offenen Armen empfangen.
- Schon im ersten Jahr mussten wir unseren Firmennamen ändern, da dieser für unsere Branche schon geschützt war. Das hatten wir vorher nicht geprüft. Alle Geschäftspapiere und Werbemittel neu zu erstellen verschlang unnötig Zeit und Geld.

- Da wir im Bereich der Medizintechnik tätig sind, geht für uns ohne entsprechende Zulassungen und Zusagen zur Kostenübernahme von den Krankenkassen gar nichts. Dass diese Markteintrittsbarriere so hoch ist, haben wir nicht gedacht.
- Wir haben den Vertriebsaufwand unterschätzt. Zunächst glaubten wir noch, dass wir das allein machen können. Zwischenzeitlich mussten wir aber feststellen, dass Zusatzpersonal notwendig ist.
- Wir haben einen wichtigen Schritt nach vorn gemacht, als wir einen wichtigen Meinungsführer im Markt in unseren Beirat geholt haben.
- Für uns kam es ganz bitter: Wir hatten ein von vielen Experten bescheinigtes innovatives Produkt. Wir hatten einen sauberen Businessplan. Der Markt wurde als ausreichend groß eingeschätzt. Und trotzdem haben wir keinen Finanzierungspartner gefunden. Erst mithilfe eines Business Angels konnten wir Fortschritte erzielen.
- Bei manchen öffentlichen Stellen dauerte es von der Antragstellung bis zur ersten Stellungnahme fast ein halbes Jahr.
- Wir haben völlig verkannt, wie erklärungsbedürftig unser Produkt ist. Wir dachten, das kapiert gleich jeder. Dadurch dauerte die Markteinführung erheblich länger. Das erhöhte unseren Kapitalbedarf.
- Beim Finanzamt machten uns die unterschiedlichsten Regelungen für Freiberufler sehr zu schaffen.
- Mit Entscheidungszeiträumen, vor allem bei großen Unternehmen und Konzernen, von mehr als einem Jahr hatten wir nicht gerechnet.

Die Bausteine eines guten Businessplans

Auf den nächsten Seiten erfahren Sie, was genau Sie in welchem Abschnitt des Businessplans aufführen und welche Fragen Sie beantworten sollten. Sie werden sehen: Wenn Sie Schritt für Schritt vorgehen, ist die Ausarbeitung Ihres Businessplans kein Problem. Lesen Sie

- wie Sie Ihre Unternehmensidee darstellen
- wie Sie Ihr Team vorstellen
- wie Sie Ihren Markt und Ihr Vertriebskonzept auf den Punkt bringen
- wie Sie zu einer soliden Finanzplanung kommen

Schritt für Schritt zum Businessplan

Im Folgenden werden Ihnen alle Elemente eines Businessplans vorgestellt. Die einzelnen Kapitel sind wie folgt aufgebaut: Nach Informationen darüber, warum der jeweilige Punkt wichtig für Sie ist, sage ich Ihnen, was Sie alles beachten müssen und wie Sie zum besten Ergebnis kommen. In jedem Kapitel gibt es konkret formulierte Beispieltexte für einzelne Bausteine, die Ihnen helfen, den Sachverhalt auf Ihre Situation zu übertragen. Die Beispiele versuchen, eine möglichst große Bandbreite an Gründungsfällen abzudecken, und ergeben somit bewusst keinen in sich geschlossenen Business Case. Am Ende eines jeden Kapitels stehen dann ganz konkrete Fragen, anhand derer Sie die Angaben in Ihrem Businessplan nochmals überprüfen können.

> Tipp: Sofern Sie selbst einen Geschäftsplan schreiben wollen, dann übernehmen Sie die acht nachfolgend erklärten Bausteine als Überschriften in ein Dokument. Schon ist die erste Gliederungsebene fertig.

Achten Sie darauf, dass Sie in Ihren Ausführungen alle Fragen beantworten, die für Ihr Vorhaben relevant sind. So können Sie sicher sein, dass Sie jeden Aspekt bedacht und erwähnt haben, der für Ihre Geschäftspartner und mögliche Kapitalgeber wichtig ist. Ganz am Schluss gebe ich Ihnen noch Hinweise, welche Fehler Sie auf jeden Fall vermeiden sollten. Übrigens: Die Angaben in den Beispielen sind teilweise frei erfunden und sollen einen Sachverhalt konkretisieren. Als Quelle für eigene Berechnungen sind die Zahlenangaben nicht geeignet.

Deckblatt und Inhaltsverzeichnis

Ein eher formaler Aspekt ist es, einem Businessplan ein Deckblatt voranzustellen. Darauf sollten folgende Angaben stehen:

- Firmenname und – sofern vorhanden – das Firmenlogo
- Der oder die Namen des/der Verfasser(s)
- Firmenanschrift inklusive aller Kontaktdaten (E-Mail, Telefon, Fax)
- Das aktuelle Datum
- Eine Businessplan-Versionsnummer. (Da sich der Plan im Laufe der Zeit verändern kann, ist es wichtig zu wissen, auf welche Angaben sich ein Gesprächspartner bezieht.)
- Die Vertraulichkeitserklärung

Beispieltext Vertraulichkeitserklärung

> Bitte beachten Sie, dass diese Unterlagen streng vertraulich sind. Das bedeutet, dass weder allgemeine noch spezifische Informationen ohne schriftliches Einverständnis von „*Firmenname*" an andere weitergegeben werden dürfen. Die Unterlagen dürfen nur für die zur Bewertung notwendigen Maßnahmen verwendet werden. Copyright, alle Rechte vorbehalten, „*Firmenname*".

Generell gilt: Informieren Sie sich über den Empfänger Ihres Businessplans und geben Sie diese Informationen nur an vertrauenswürdige Stellen heraus.

Achten Sie beim Deckblatt auf eine saubere grafische Gestaltung ohne übermäßige Schnörkel. Anschließend sollte das Inhaltsverzeichnis folgen.

> Es empfiehlt sich, das Inhaltsverzeichnis mit entsprechenden Funktionen im Textverarbeitungsprogramm automatisch zu erstellen. So werden Änderungen im Text auch gleich im Inhaltsverzeichnis angepasst.

Zusammenfassung

Der erste Baustein in einem Businessplan ist die Zusammenfassung (Executive Summary). Diese schreiben Sie allerdings erst, nachdem Sie die anderen Businessplankapitel fertig gestellt haben. Denn erst dann haben Sie alle Informationen vorliegen, sodass Sie die wichtigsten Punkte des Geschäftsplans gebündelt darstellen können. D. h., gleich zu Beginn müssen neben der Geschäftsidee alle für den potenziellen Partner wichtigen Geschäftszahlen aufgeführt sein.

Aufgabe der Zusammenfassung ist es, mögliche Kapitalgeber und Geschäftspartner kurz und prägnant über die Idee zu informieren und sie dafür zu begeistern. Gelingt dies, werden sie auch die weiteren Kapitel lesen. Denken Sie daran: Hier schaffen Sie eine Art Visitenkarte Ihres Vorhabens. Der Aufbau sollte folgender Logik folgen:

- Beschreibung der Produkt- und Geschäftsidee
- maßgebliche Erfolgsfaktoren
- wesentliche Risikofaktoren
- Ihre quantitativen Ziele

Hüten Sie sich allerdings davor, an dieser Stelle zu viele oder zu detaillierte Informationen in die Zusammenfassung zu schreiben. Wählen Sie einfache Worte, erläutern Sie Fachbegriffe, sofern sie notwendig sind, kurz. Länger als zwei bis drei Seiten sollte die Zusammenfassung nicht sein.

In diesem Businessplankapitel müssen Sie folgende Fragen beantworten:

1. Welche Geschäftsidee haben Sie?
2. Welchen Markt wollen Sie mit Ihrem Produkt/Ihrer Dienstleistung bedienen?
3. Welche Erfahrungen und Kenntnisse haben Sie oder Ihr Team, die wichtig sind, um das Vorhaben umzusetzen?
4. Wie viel Geld muss investiert werden?
5. Was haben Sie sich mittel- bis langfristig als Ziele (Umsatz, Marktanteil, ...) gesetzt?
6. Wie sollen die genannten Ziele erreicht werden?
7. Welche Faktoren machen Sie erfolgreicher als die Konkurrenz?
8. Welche Risiken sind im Rahmen der Umsetzung möglich?

Diese Fehler sollten Sie vermeiden:

- Die Geschäftsidee nicht deutlich darstellen.
- Allzu umfassende und umständliche Erläuterungen.

Produkt- und Unternehmensidee

Die Basis für Ihr Unternehmen ist eine Dienstleistungs- oder Produktidee. In diesem Kapitel schildern Sie, welchen besonderen Nutzen diese für die potenziellen Kunden bringt. Grenzen Sie sich dabei detailliert von den Angeboten Ihrer Konkurrenz ab. Außerdem sollten Sie einen Überblick über den Stand der Entwicklung und notwendige Voraussetzungen, wie z. B. patentrechtlichen Schutz oder behördliche Genehmigungen, bieten. Gliedern Sie das Kapitel wie folgt:

1. Beschreibung des Produkts/der Idee
2. USP/Wettbewerbsvorteil und -vorsprung
3. Fertigung/Produktion/Dienstleistung

Beschreibung des Produkts/der Idee

Eine innovative Produkt- oder Dienstleistungsidee ist der Ausgangspunkt für jede erfolgreiche Unternehmensgründung. Schade ist nur, dass eine Idee an sich noch keinen monetären Wert hat. Nur wenn sie auch erfolgreich in eine bestimmte Dienstleistung oder eine tatsächliche Ware umgesetzt wird, kann daraus ein wirtschaftlicher Erfolg werden.

In diesem Kapitel zeigen Sie, was das Neue an Ihrer Geschäftsidee ist. Ist es der Artikel selbst? Oder ist es die neuartige Zusammenstellung von Komponenten, die es in dieser Form noch nicht gibt? Eventuell ist das Besondere an der Idee der Zeitpunkt, zu dem eine Dienstleistung erbracht wird.

Beispiel: IKEA

Große Möbelgeschäfte gab es auch schon vor IKEA. Das Neue an der Idee war, den Kunden in die Abholung und den Möbelaufbau so mit einzubeziehen, dass die Möbel sehr günstig verkauft werden konnten. Außerdem hat IKEA die gesamte Wertschöpfungskette vom Design über die Produktion bis zum Kunden in eigener Verantwortung.

Beispiel: Handwerksbetrieb

Dass es auch im traditionellen Handwerksbereich durch die Kombination von Faktoren zu erfolgreichen Geschäftsideen kommt, zeigen die Anbieter, die die Renovierung von Bädern oder ganzen Wohnungen aus einer Hand anbieten. Die einzelnen auszuführenden Arbeiten kann jeder Kunde auch bei anderen Anbietern bekommen. Das Leistungsversprechen: „Wir kümmern uns um die komplette Renovierung. Sie müssen sich nur mit einer Person unterhalten" ist das Besondere.

Wichtig ist, dass Sie die Idee aus der Sicht Ihres zukünftigen Kunden darstellen. Wie bewältigt er ein Problem aktuell? Wie wird er es mit Ihrer Idee lösen? Wo liegt für ihn der große Vorteil?

Erklären Sie auch, wie weit Sie bei der Produktentwicklung sind. Existieren bisher nur Zeichnungen oder gibt es vielleicht schon einen Prototypen? Ist Ihr Produkt womöglich bereits marktreif? Idealerweise haben Sie dann bereits erste Pilotkunden gewinnen können. Wenn ja, sollten Sie dies ebenfalls erwähnen. Legen Sie auf jeden Fall Pläne und Entwürfe vor. Für fertige Produkte sind Fotos sehr gut geeignet. Bei Dienstleistungen sollten Sie versuchen, diese über ein Schaubild zu verdeutlichen.

> Viele Unternehmensgründer befürchten, dass Kapitalgeber ihre Idee „klauen" könnten. Keine Angst: Geldgeber wie Banken und Venture Capital Firmen sind an Beteiligungen interessiert. Würden sie Ideen verraten, würde das ihrem Ruf schaden.

Zeigen Sie Optionen auf, wie das Produkt nach der Markteinführung weiterentwickelt werden kann. Ist es in etwas abgewandelter Form womöglich auch für andere Märkte und Anwendungsbereiche geeignet?

Beispiel: Satellitennavigationssystem

Das Navigationssystem wurde ursprünglich nur für militärische Zwecke entwickelt und eingesetzt. Inzwischen hat es über die Autonavigation den Massenmarkt erobert. Als Nächstes wurde der Markt erweitert, indem das System auf Handhelds zur Verfügung steht und nun auch Fußgängern den Weg weist.

Mögliche Geldgeber wollen wissen, welche rechtlichen Details zu beachten sind. Müssen Sie, wie beim medizinischen Einsatz, eine Zulassung für Ihr Produkt beantragen? Benötigen Sie Fremdpatente? Oft braucht es lange Zeit, bis behördliche Genehmigungen erteilt sind. Lizenzen sind teilweise sehr teuer. Daher sind diese Angaben für potenzielle Partner sehr wichtig. Außerdem ist interessant, ob Ihr Produkt patentrechtlich geschützt werden kann. Erläutern Sie, wie lange ein Konkurrent bis zur Markteinführung benötigen würde.

Beispiel: Erläuterung des technischen Vorsprungs

Der Entwicklungsvorsprung von ERKAT beträgt – allein bei der Software – mindestens ein Jahr. Selbst wenn ein Konkurrent anfangen würde, eine ähnliche Software zu entwickeln, so hätte er Probleme, die entsprechenden Spezialisten für Prozesssoftware auf dem Markt zu finden. Außerdem ist das dann entwickelte

Produkt noch nicht ausgereift und am Markt getestet. Hinzu kommt noch, dass ERKAT auch einen erheblichen Know-how-Vorsprung im allgemeinen Aufbau von Pharmaproduktionsprozessen hat. Mit den bekanntesten Experten von der Universität Erlangen besteht eine Kooperationsvereinbarung. Aufgrund der Rechtslage in Deutschland ist eine Software faktisch patentrechtlich nicht schützbar.

Exkurs: Patent und Marke

Speziell bei Firmen, deren Geschäftsmodell auf einer innovativen Technologie beruht, ist es extrem wichtig, das entsprechende Patent zu erlangen. Bei Unternehmen, die eine breite Masse von Konsumenten ansprechen, sollte auch eine Marke angemeldet werden. Das Managementteam sollte sich daher frühzeitig auch um solche Fragen kümmern.

Was ist ein Patent?

Ein Patent ist ein gewerbliches Schutzrecht, das seinem Inhaber ein negatives Verbietungsrecht einräumt. Das bedeutet, dass Dritte ohne Einwilligung des Patentinhabers den geschützten Gegenstand nicht kommerziell nutzen dürfen. Ab dem Anmeldetag beträgt die Laufzeit eines Patents maximal 20 Jahre. Prüfen Sie auch, ob Sie mit Ihrem Produkt womöglich fremde Patentrechte verletzen.

Patentieren lassen können Sie alle technischen Erfindungen. Dabei gibt es zwei Arten von Patenten:

1. Erzeugnispatente: Diese umfassen Sach- und Stoffpatente, Anordnungen, Schaltungen, Vorrichtungen und Mittel.

2 Verfahrenspatente: Das sind alle Herstellungs- und Arbeitsverfahren.

Einen Sonderfall bilden Computerprogramme. Diese sind an sich nicht patentfähig, aber es gibt in bestimmten Grenzen Ausnahmen.

Was ist eine Marke?

Marken sind Kennzeichnungsrechte, die dazu dienen, Waren und Dienstleistungen eines Unternehmens unverwechselbar zu machen. Diese Rechte entstehen durch Eintragung in das Markenverzeichnis im Markenregister beim Deutschen Patent- und Markenamt. Alle Zeichen, insbesondere Worte, Abbildungen, Buchstaben, Zahlen, Hörzeichen (z. B. die Erkennungsmelodie der Telekom) und Formen einer Verpackung können Sie sich schützen lassen. Voraussetzung: Sie sind geeignet, Waren oder Dienstleistungen einer Firma von denjenigen einer anderen zu unterscheiden.

> Weitere Informationen zu diesem Thema finden Sie im Internet unter www.dpma.de.

USP/Wettbewerbsvorteil und -vorsprung

In diesem Teil des Kapitels „Produkt/Dienstleistung" stellen Sie den Kundennutzen ausführlich dar. Hierbei sollten Sie die Anforderungen, die Ihre Kunden an das Produkt haben, den Produkteigenschaften gegenüberstellen. Klären Sie, wie genau es diese Ansprüche erfüllt. Wo liegen die Stärken Ihres

Produkts, wo die Schwächen? Wie sieht das Verhältnis im Vergleich zu den Konkurrenzprodukten aus?

Versuchen Sie, die Unique Selling Proposition (USP), also das einzigartige Verkaufsversprechen, klar herauszuarbeiten. Wie kann Ihr Produkt oder Ihre Dienstleistung die Bedürfnisse der Kunden besser befriedigen als die Konkurrenz? Gibt es einen Zusatznutzen, den die Konkurrenz so nicht bieten kann?

Beispiel: Merci Schokolade

Es gibt unzählige Schokoladen auf dem Markt. Warum soll man als Konsument daher ausgerechnet Merci Schokolade kaufen? Der Geschmack allein ist es nicht. Merci Schokolade bietet dem Käufer einen Zusatznutzen, der über die Werbung suggeriert wird. Dort wird die Schokolade immer mit Situationen in Verbindung gesetzt, bei der liebe Freunde oder Verwandte mit Merci beschenkt werden. D. h. als Käufer überreicht man nicht nur Schokolade, sondern gleichzeitig auch ein Dankeschön.

Fertigung/Produktion/Dienstleistung

An diesem Punkt stellt sich erstmals die Frage, ob Sie mit der Umsetzung Ihrer Idee auch einen Gewinn erzielen können. Entscheidend ist, ob die Herstellungskosten mit den am Markt zu erzielenden Preisen in Einklang zu bringen sind. Daher ist die Darstellung, wo und wie das Produkt produziert bzw. wie eine Dienstleistung erstellt wird, von zentraler Bedeutung. Mit der Entscheidung über die Herstellung müssen Sie auch den Ressourceneinsatz, Produktqualität, Lagerung und Logistik festlegen.

Eine der wichtigsten Fragen ist dabei die nach der Fertigungstiefe. Was wollen Sie selbst produzieren und was wollen Sie von anderen Firmen zukaufen? Bestandteile, die von strategischer Bedeutung sind, sollten Sie nach Möglichkeit immer selbst herstellen. Sofern dies nicht machbar ist, versuchen Sie nur einzelne Komponenten davon nach außen zu geben, sodass Lieferanten mit diesen singulären Informationen nichts anfangen können. Die Herstellungskosten berechnen Sie nach folgendem Schema:

Lohnkosten	(Arbeitsstunden × Stundenlohn)
+ Materialaufwand	in Einkaufspreisen
+ Gemeinkostenzuschlag	sonstiger Aufwand/Lohn- und Materialkosten
= Stückkosten	

Im Detail müssen Sie in diesem Baustein Aussagen zu folgenden Punkten machen:

- Qualität: Zeigen Sie, mit welchen Maßnahmen Sie eine gleich bleibende Qualität sicherstellen wollen.
- Kapazität: Hier werden Angaben zur Produktionskapazität, zum Personalbedarf und zu den Fixkosten erwartet.
- Anlaufkosten: Geben Sie an, mit welchen Investitionen Sie am Anfang rechnen. Besonders bei Massenproduktionen sind die anfänglichen Stückkosten sehr hoch.
- Zulieferer: Schildern Sie die Situation auf dem Beschaffungsmarkt. Gibt es Zulieferer, von denen Sie abhängig sind? Sind die Beschaffungspreise stabil oder müssen Sie

aufgrund von Schwankungen bei Rohstoffpreisen mit Risikoaufschlägen kalkulieren?

- Umweltschutz: Müssen gesetzliche oder behördliche Auflagen berücksichtigt werden?
- Standort: Abhängig von Ihrem Vorhaben kann die Standortwahl mehr oder weniger wichtig sein. Sind Sie auf Laufkundschaft angewiesen, muss das Geschäft verkehrsgünstig liegen. Eröffnen Sie eine Physiotherapie-Praxis, sollten in der näheren Umgebung mehrere Orthopäden ihren Sitz haben, die Ihnen Patienten überweisen können. Wenn Sie einen Produktionsbetrieb gründen, erkundigen Sie sich zunächst, ob dies im gewählten Gebiet überhaupt zulässig ist. Auch die Nähe zu Ihren Kunden kann eine Rolle spielen, ebenso Miet- und Grundstückspreise. Womöglich bietet sich die Ansiedlung in einer bestimmten Region an, weil es dort besondere Fördermittel oder Gründerzentren mit vergünstigten Konditionen gibt. Als Hightech-Unternehmer sollten Sie Wert auf eine gute Forschungsinfrastruktur, Wissensnetzwerke und Personal mit entsprechender Ausbildung achten. Beweisen Sie in diesem Abschnitt, dass Sie sich mit der Standortwahl beschäftigt haben, und führen Sie alle Punkte auf, die für Ihre Entscheidung ausschlaggebend sind.
- Logistik: Legen Sie dar, wie die fertigen Produkte zu Ihren Kunden gelangen und welche Lagersysteme Sie benötigen.

Wenn Sie eine Dienstleistung anbieten, müssen Sie sich mit den meisten der eben genannten Punkte nicht beschäftigen. Es ist in diesem Fall wichtiger, in diesem Kapitel darzulegen, wo die Leistung gegenüber dem Kunden erbracht wird und wie man ihre gleich bleibende Qualität sicherstellt. Da die Ressource Mensch bei ihrer Erstellung eine besondere Rolle spielt, sollten Sie auf die Themen Mitarbeiterrekrutierung, -qualifikation und -qualifizierung besonders eingehen.

Erfolgs-Check: Kapitel Produkt- und Unternehmensidee

Ein gut ausgearbeitetes Kapitel zum Thema Produkt- und Unternehmensidee beantwortet folgende Fragen:

1. Wie sieht Ihre Produkt- oder Dienstleistungsidee im Detail aus?
2. Wie ist der Entwicklungsstand bei Ihrem Produkt? Ist es noch in der Planung, erst als Prototyp erhältlich oder bereits marktreif?
3. Kann oder konnte das Produkt patentrechtlich geschützt werden? Wenn ja, welche Patente haben Sie bereits?
4. Benötigen Sie gesetzliche Genehmigungen?
5. Gibt es sonstige Vorschriften, die Ihre Geschäftsidee maßgeblich beeinflussen?
6. Wie sieht Ihr weiterer Entwicklungsplan aus? In welchem Zeitraum wollen Sie welche Abschnitte erledigt haben? Was müssen Sie an Kapital dafür einsetzen? Brauchen Sie hierfür schon Personal?
7. Welche Ressourcen wie Maschinen, Personen, Material, Räumlichkeiten benötigen Sie zur Herstellung bzw. Leistungserbringung?

8   Welche Qualifikation müssen Ihre Mitarbeiter haben?

9   In welchen Schritten wird Ihr Produkt hergestellt bzw. in welchen Abstufungen wird die Dienstleistung gegenüber dem Kunden erbracht?

10 Welches Dienstleistungsvolumen bzw. wie viele Produktstücke wollen Sie pro Tag/Woche/Jahr erbringen bzw. erstellen? Wie viel könnten Sie maximal leisten?

11 Wie hoch sind Ihre Produktionskosten bzw. die Erstellungskosten für die Dienstleistung?

12 Ist eine Lagerhaltung möglich und notwendig? Wenn ja, in welchem Umfang? Wie wird sie bewerkstelligt?

13 Müssen Partnerschaften (z.B. bei Einkauf, Produktion, Vertrieb) eingegangen werden? Wenn ja, welche sind dies?

14 Wie sieht Ihr Servicekonzept aus?

15 Welche Zielgruppe soll Ihre Produkt oder Ihre Dienstleistung einsetzen?

16 Welche Bedürfnisse haben Ihre Kunden?

17 Welchen Nutzen (USP) können Sie dem Kunden bieten?

18 Gibt es bereits existierende Konkurrenzprodukte und wenn ja, welche sind das?

19 Wie groß ist der Kundennutzen im Vergleich zu Produkt- oder Dienstleistungsfeatures der Konkurrenz? Liegt eine tabellarische Gegenüberstellung Ihres Produkts und der Konkurrenzangebote vor?

Diese Fehler sollten Sie vermeiden:

- Formulierungen verwenden, die beim Leser Spezialkenntnisse voraussetzen.
- Keine Angaben zum Angebot von Mitbewerbern machen.
- Die Kundenvorteile nicht klar darstellen.
- Die Produktpalette nicht eindeutig definieren.
- Die Herstellungskosten nicht angeben.
- Die Produktionskosten passen nicht zu den in Kapitel „Marketing und Vertrieb" genannten Preisangaben bzw. sind höher als die Preise.

Managementteam

Ohne ein gutes Managementteam kann die beste Idee nicht umgesetzt werden. Daher schauen viele Investoren bei einem Businessplan gleich nach der Zusammenfassung in das Kapitel „Managementteam". Stellen Sie sich und/oder die restliche Führungsmannschaft deshalb ausführlich vor. Denn häufig findet man in Businessplänen eine umfangreiche Darstellung des Produkts oder der Dienstleistung, aber nur spärliche Informationen über den Gründer oder das Gründerteam.

Kapitalgeber und Geschäftspartner wollen wissen, wem sie Geld geben und ob Sie als Geschäftsführer auch genügend Kenntnisse und Erfahrungen für eine erfolgreiche Unternehmensgründung mitbringen. Verfassen Sie am besten für sich und für jeden Mitgründer oder jedes Teammitglied einen Lebenslauf. Verdeutlichen Sie, inwieweit die vorhandenen Qualifikationen für das Gründungsvorhaben wichtig sind.

Neben den fachlichen Qualifikationen spielen auch die sogenannten weichen Faktoren wie emotionale Intelligenz, Menschenkenntnis und persönliches Engagement eine große Rolle. Ein norwegischer Investor, der erfolgreich eines der heute größten Internetreisebüros mitfinanziert hat, sagte einmal: „I not invest in ideas, I invest in people." Das zeigt, wie stark eine Entscheidung eines Kapitalgebers von der oder den Persönlichkeit(en) beeinflusst wird. Stellen Sie sich und/oder Ihr Team mit allen Stärken und Schwächen vor. Sprechen Sie auch Defizite offen an und zeigen Sie Lösungen auf. So werden Sie Vertrauen gewinnen.

> „Jede erfolgreiche Firma braucht drei Personen: einen Geschäftsmann, einen Fantasten und einen verwegenen Sauhund." (Quelle unbekannt).

Fachliche Qualifikation

Im Mittelpunkt dieses Abschnitts stehen die fachlichen Qualifikationen, die für die Umsetzung Ihres Gründungsvorhabens von Bedeutung sind. Falls Sie z.B. seit Jahren als Programmierer arbeiten und sich nun mit einer eigenen Software selbstständig machen wollen, sollten Sie auf Ihre spezifischen Softwarekenntnisse hinweisen. Sofern Fähigkeiten und Kenntnisse, die Sie außerhalb der Schul- und Berufsausbildung erworben haben, für Ihr Unternehmen wichtig sind, erwähnen Sie auch diese. Wenn Sie z.B. ein neues Surfbrett entwickelt haben, ist Ihre zwölfjährige Surferfahrung sehr bedeutend.

Branchenkenntnisse

In der sehr arbeitsteiligen Welt von heute ist der Spezialisierungsgrad in den einzelnen Branchen sehr hoch. Das hat zur Folge, dass jemand ohne Branchenerfahrung sehr lange braucht, um sich zurechtzufinden, vor allem in den Bereichen Marketing und Vertrieb. Das wissen natürlich auch potenzielle Investoren. Daher sollten Sie in diesem Abschnitt darlegen, ob und wie lange Sie schon in diesem Wirtschaftszweig gearbeitet haben. Vielleicht konnten Sie auch schon wichtige Impulse setzen. Sofern Sie über Kontakte zu Entscheidern verfügen, zählen Sie diese hier ebenfalls auf. Wenn Sie an dieser Stelle keine Erfahrung vorweisen können, erläutern Sie, wie Sie diesen Umstand ausgleichen wollen. Eventuell kann ja ein anderes Managementmitglied Defizite ausgleichen.

Kaufmännisches Know-how

Auf fundiertes kaufmännisches Wissen kann kein Gründungsteam verzichten. Führen Sie an, welche Fachkenntnisse Sie in diesem Bereich haben. Kapitalgeber legen auf diesen Punkt großen Wert. Sollten Sie feststellen, dass Sie noch keine ausreichenden Kenntnisse in diesem Bereich besitzen, müssen Sie dringend handeln. Das Kapitel „Finanzplanung" gibt Ihnen einen Eindruck, was bald täglich auf Sie zukommt. Über die Anforderungen klärt Sie auch gern Ihr Bank- oder Steuerberater auf. Kaufmännische Defizite können Sie durch Weiterbildung ausgleichen. Oder noch besser: Holen Sie einen ausgewiesenen Experten ins Team. Stellen Sie Ihren Lebenslauf in

Tabellenform dar, das verschafft einen schnellen Überblick über Ihre Fähigkeiten und die Ihres Teams. Ihre Tabelle kann dabei wie folgt aussehen:

Darstellung Qualifikationen Managementteam

Schulische Bildung		
von – bis	Name und Art der Schule/Universität	Erreichter Abschluss

Berufliche Bildung		
von – bis	Firma/Branche	Erreichter Abschluss

Berufliche Tätigkeit		
von – bis	Firma/Branche	Tätigkeitsbeschreibung

Relevante Zusatzqualifikationen		
von – bis	Art der Qualifikation	Erfolge/Abschlüsse/Titel

Beispiel für die Darstellung des Managementteams

> Gründer 1 ist Geschäftsführer der DACO GmbH. Nach einem BWL-Studium an der FAU in Nürnberg war er in verschiedenen Positionen bei der weltweit tätigen TCK-Gruppe tätig, vor allem im Bereich IT-Marketing und Vertrieb. Als Assistent des Global Managers KMU bei der TCK baute er umfassende Kenntnisse im Bereich Unternehmensführung und -steuerung auf. Vor der Selbstständigkeit war er Inhaber einer IT-Beratungsfirma.

Gründer 1	Geboren 11. Mai 1961
Erfahrungen vor DACO:	Studium der Betriebswirtschaft an der FAU, Nürnberg, Abschluss: Dipl.-Kaufmann
	System Ingenieur, TCK
	Assistent Global Manager KMU, TCK
	Vertriebsleiter TCK, Hamburg
	Manager Service Marketing, TCK, München
	IT-Beratung
Aufgaben bei DACO:	Geschäftsführung; Marketing und Vertrieb; Finanzen

Gründer 2 verfügt über umfassende Kenntnisse bei Datenbanken und spezifisches Know-how über Programmstrukturen. Als hochqualifizierter Software-Ingenieur mit einem Abschluss in Mathematik und Softwareentwicklung arbeitet er zunächst bei der Firma Technikum als Entwicklungsmanager, dann als Projektleiter bei einem großen Internetbuchhändler. Anschließend entwickelte er als freier Consultant das CBKR-Tool, das heute von mehr als 250 Firmen weltweit eingesetzt wird. Vor der Gründung der DACO war er Abteilungsleiter „Zentrales Firmennetzwerk" bei Euro Airlines.

Gründer 2	Geboren 17. August 1965
Erfahrungen vor DACO:	Studium der Mathematik, Softwareentwicklung
	Entwicklungsmanager bei Technikum
	Projektleiter bei einem großen Internetbuchhändler
	Selbstständiger Software Consultant, Architekt des CBKR-Tools
	Abteilungsleiter des zentralen Netzwerks bei Euro Airlines
Aufgaben bei DACO:	Technik Softwareentwicklung

Organigramm/Aufbauorganisation

Zu guter Letzt stellen Sie die Aufgabenverteilung innerhalb des Teams mithilfe eines Organigramms dar. Bleiben Sie dabei realistisch und bauen Sie nicht z. B. mehr Hierarchiestufen ein als notwendig. Wichtig ist hier, dass der Leser sieht, dass jedes Teammitglied entsprechend seinem Know-how und seinen Erfahrungen Unternehmensaufgaben wahrnimmt. Zeigen Sie, wo Sie auf externe Hilfe, etwa bei der Buchhaltung durch einen Steuerberater, setzen.

Erfolgs-Check: Kapitel Managementteam

Ein gut ausgearbeitetes Kapitel zum Thema Managementteam beantwortet folgende Fragen:

1. Welche fachliche Qualifikation besitzt das Managementteam?
2. Welche Berufserfahrung hat die Unternehmensleitung?
3. Welches waren die größten beruflichen Erfolge der Schlüsselpersonen?
4. Haben einer oder mehrere Geschäftsführer kaufmännische Erfahrung? Wenn ja, wie wurde diese erlangt?
5. Wie werden eventuell vorhandene Know-how Defizite im Gründungsteam ausgeglichen?
6. Welche Person soll welche Ressorts übernehmen?
7. Gibt es Mitarbeiter, von denen das Unternehmen aufgrund ihrer Schlüsselqualifikation abhängig ist? Wenn ja, wie wird versucht, diese Personen langfristig an das Unternehmen zu binden?

Diese Fehler sollten Sie vermeiden:

- Kein Mitglied des Managementteams hat eine ausreichende kaufmännische Qualifikation oder es wird nicht dargestellt, wie fehlendes kaufmännisches Know-how durch externe Verstärkung ausgeglichen wird.
- Die Qualifikation und Erfahrung des Managementteams passt nicht zum geplanten Geschäftsvorhaben.
- Die Lebensläufe sind nicht dargestellt.

Markt und Wettbewerb

Damit Sie sich mit Ihrem Produkt behaupten können, müssen Sie Ihre Kunden sehr genau kennen. Denn eines ist gewiss: Ohne Kunden wird Ihr Vorhaben eine Idee ohne wirtschaftlichen Erfolg bleiben. Nur wenn Ihr Angebot den Abnehmern einen größeren Nutzen bietet als das Konkurrenzprodukt, werden sie es auch kaufen. Dies bedeutet, dass Sie Ihre Wettbewerber gründlich beobachten und beurteilen müssen. Denken Sie dabei auch an Erzeugnisse, die auf den ersten Blick vielleicht gar keine Konkurrenz sind, aus Kundensicht aber sehr wohl eine Alternative zu Ihrem Produkt oder Ihrer Dienstleistung darstellen. Eine gute Marktkenntnis ist einer der entscheidenden Erfolgsfaktoren. Von folgenden Aspekten müssen Sie sich ein sehr genaues Bild machen:

1. Vom Gesamtmarkt bzw. der Branche mit den einzelnen Segmenten
2. Den Wettbewerbern und deren Angebot
3. Den Kunden und deren Marktpotenzial

Branchenanalyse

Ihr Unternehmen wird nur wachsen können, wenn entweder der Markt bzw. die Branche ausreichend groß ist oder entsprechend schnell wächst. Versuchen Sie daher, die Marktgröße zu bestimmen. Sie ergibt sich aus der Anzahl der Kunden multipliziert mit der abgesetzten Menge bzw. dem Preis pro Stück. Wagen Sie auch eine Prognose darüber, wie die künftige Entwicklung sein wird.

Beispiel für einen Softwareanbieter, der seine Lösung als Mietmodell (ASP) anbieten möchte

Entwicklung des Application Service Providing (ASP)-Bereichs: Die Marktforscher von Datainfo prophezeien den Anbietern von Mietsoftware (ASP) einen wachsenden Markt. Zwar setzte sich die neue Angebotsform nicht so schnell durch wie anfänglich gedacht. Trotzdem soll der Umsatz von 150 Millionen Euro im Jahre 20xx auf insgesamt 2 Milliarden Euro im Jahre 20xx wachsen. Damit wird es bald in vielen Bereichen üblich sein, seine Software nicht mehr auf der Festplatte des eigenen Rechners zu speichern, sondern über einen Netzrechner Zugang dazu zu erhalten. Laut Zeitungsbericht vom 4. Mai 20xx steigen nun auch die zehn größten Softwareanbieter der Welt ebenfalls in den ASP-Markt ein. Das zeigt, wie interessant der Markt ist. Aufgrund ihrer Spezialkenntnisse kann die 3R GmbH diesen Trend nutzen, ohne die Konkurrenz der Großen fürchten zu müssen.

Die wesentlichen, das Marktgeschehen beeinflussenden Faktoren müssen Sie in diesem Baustein ebenfalls aufführen. Dies können neben neuen technologischen Entwicklungen auch Faktoren wie Umweltschutz, gesetzgeberische Initiativen,

Zulassungsverfahren oder externe Faktoren wie plötzliche Krisen sein.

Beispiel: Externe Faktoren bei Gründung eines Reisebüros

Wenn Sie ein Reisebüro gründen wollen und sich dabei auf ein bestimmtes Land oder eine bestimmte Region konzentrieren, müssen Sie auch lokale Krisen in Ihre Marktbetrachtung einbeziehen. Die Realität zeigt, dass es nach Naturkatastrophen oder Gewaltakten mehr oder weniger lange dauert, bis sich die betroffenen Reisemärkte wieder erholt haben.

Als Basis für die Branchenanalyse ist es am besten, Sie beschaffen sich zunächst fundierte Informationen. Zumindest dann, wenn Sie Ihr Vorhaben auf Deutschland, ein europäisches Land oder eine andere hoch entwickelte Volkswirtschaft bezieht, werden Sie keine großen Probleme haben, entsprechendes Zahlenmaterial zu bekommen. Informationsquellen sind:

1. Internet
2. Banken
3. Behörden wie das Statistische Bundesamt
4. Fachliteratur in Form von Branchenzeitschriften
5. Marktstudien von professionellen Marktforschungsfirmen
6. Verbände und Kammern
7. Branchenverzeichnisse
8. Eigene Recherche durch Gespräche mit Marktteilnehmern
9. Eigene Zählungen und Beobachtungen

Allerdings kann es sein, dass Sie nicht exakt die Zahlen finden, die Sie benötigen, vor allem, wenn Sie Ihre Geschäftsidee in einer sehr schnelllebigen oder stark wachsenden Branche umsetzen wollen. Es ist dann Ihre Aufgabe, aus der Fülle der Informationen korrekte Schlüsse zu ziehen und mit den vorliegenden Zahlen die richtigen Hochrechnungen und Schätzungen zu erzeugen. „Ach du Schreck", werden jetzt einige denken, „ich soll schätzen". Doch keine Angst. Wenn Sie die folgenden Punkte berücksichtigen, werden Sie gute Ergebnisse erzielen.

- Bauen Sie Ihre Schätzung auf einfach zu überprüfende Zahlen auf (z.B.: Einwohnerzahl eines Landes oder einer Stadt).
- Achten Sie darauf, dass jeder Schritt Ihrer Schätzung logisch nachvollziehbar ist.
- Ziehen Sie Ersatzgrößen heran, wenn Werte unbekannt sind, die Sie für Ihre Schätzung benötigen.
- Vergleichen Sie die Angaben aus unterschiedlichen Recherchequellen.
- Überprüfen Sie die von Ihnen geschätzten Werte abschließend nochmals auf Plausibilität. Wenn Sie das Gefühl haben, dass etwas nicht stimmt, gehen Sie die einzelnen Faktoren nochmals durch. Aber hüten Sie sich davor, nach dem Motto „Was nicht passt, wird passend gemacht" zu handeln. Ein erfahrener Businessplanleser wird Ihnen schnell auf die Schliche kommen.

Ist der Markt für Ihr Vorhaben zu groß oder zu abstrakt, teilen Sie ihn in Untersegmente ein. Wichtig ist dabei, dass die Kunden innerhalb dieser Segmente möglichst homogen, diese selbst im Vergleich untereinander aber möglichst heterogen sind. Nur so können Sie Zielgruppen später auch einheitlich ansprechen. Bewegen Sie sich mit Ihrem Vorhaben im Massenmarkt für Endverbraucher, können Sie mögliche Kunden nach folgenden Faktoren einteilen:

1 Landesgrenzen, Bevölkerungsdichte
2 Alter, Geschlecht, Einkommen, Beruf, soziale Schicht
3 Produktgebrauch, Preisverhalten

Bei Vorhaben im Business to Business (B-2-B-)Markt ist es sinnvoll, diese zu segmentieren nach:

1 Firmengröße nach Umsatz, Anzahl Mitarbeiter
2 Einkaufsverhalten bezüglich Bestellgröße oder Häufigkeit

Konkurrenzanalyse

Im Rahmen der Konkurrenzanalyse müssen Sie nun den Wettbewerb genau erforschen und darstellen. Prüfen Sie zunächst, welche Produkte und Dienstleistungen von welchen Firmen als Wettbewerbsprodukte in Betracht kommen. Denken Sie auch an indirekte Konkurrenz. Beantworten Sie diese Frage immer aus der Sicht des Kunden.

Beispiel:

 Angenommen, Sie wollen eine neue Buttersorte auf den Markt bringen. Dann sind natürlich alle anderen Anbieter von Butter Ihre ersten Konkurrenten. Aber auch die Produzenten von Margarine und pflanzlichen Ölen gehören zu dieser Gruppe, da viele Verbraucher Butter durch diese Produkte ersetzen. Vielleicht bietet ja gerade Ihre Butter aufgrund spezifischer Eigenschaften einen besonderen Nutzen und diese Konsumenten steigen von diesen Substituten auf Ihr Produkt um.

Bewerten Sie nun Ihre Wettbewerber anhand eines Kriterienkatalogs. Beurteilen Sie Punkte wie Umsatz, Absatz, Marktanteil, Produktpalette, Serviceleistungen, Vertriebskanäle usw. Zusätzlich sollten Sie noch eine Einschätzung zu den jeweiligen Stärken und Schwächen der Wettbewerber abgeben. Nutzen Sie dafür am besten eine tabellarische Darstellung. Die Detailtiefe sollte dabei Ihrem Vorhaben entsprechen. Zeigen Sie, welche Markteintrittsbarrieren bestehen und wie Sie diese überwinden wollen. Denken Sie daran, dass Sie womöglich durch Reaktionen Ihres Wettbewerbers auf Ihren Markteintritt in Schwierigkeiten geraten können. Das könnte z. B. dann geschehen, wenn Ihr Wettbewerbsvorteil ausschließlich in einem günstigen Preis besteht und der Mitbewerber seine Preise unter Ihre senkt, um Marktanteile zu halten.

Kundenanalyse und Zielgruppe

Nachdem Sie die Branche und den Wettbewerb allgemein dargestellt haben, erläutern Sie in diesem Abschnitt, welchen Bereich des Marktes Sie künftig bedienen wollen. Den Kundennutzen haben Sie bereits im Kapitel „Produkt- und Unternehmensidee" umrissen und die einzelnen Nutzenargumente im Vergleich zur Konkurrenz im vorherigen Abschnitt beschrieben. Schildern Sie, an welche Kundengruppe genau Sie Ihr Produkt und mit welchem Nutzenversprechen verkaufen wollen. Bei dieser Einteilung können Sie wieder mit den Kriterien arbeiteten, die Sie schon für die Branchenanalyse herangezogen haben. Nennen Sie möglichst konkrete Größen wie Marktanteil, Umsatz oder Absatz. Welche Marktchancen erwarten Sie unter welchen Bedingungen?

Sollten Sie bereits erste Test- oder Pilotkunden haben, nennen Sie diese unbedingt an dieser Stelle. Sie sind ein erstes, wichtiges Zeichen dafür, dass Abnehmer den Nutzen Ihrer Lösung erkennen.

Beispiel:

Sie wollen einen Laden, z.B. ein Blumengeschäft, eröffnen, bei dem Sie auf Laufkundschaft angewiesen sind.

Als Grundlage müssen Sie zunächst die Branche analysieren. Dazu sollten Sie die durchschnittlichen Ausgaben für Blumen pro Person in Deutschland, die Einwohnerzahl im näheren Einzugsgebiet und die Kaufkraft in Ihrem Einzugsgebiet herausfinden. Anschließend analysieren Sie die Konkurrenzsituation durch andere Gärtnereien, Gartenmärkte, Blumenläden und Selbstpflückfelder.

Sofern sich der Laden nicht gerade in einer großen Fußgängerzone befindet, stellt sich die Frage, wie viel Personen wohl an einem Tag an Ihrem Geschäft vorbeilaufen. Um das herauszufinden, stellen Sie sich am besten ein paar Tage in die Nähe des geplanten Standorts und zählen per Strichliste die Personen, die vorbeilaufen. Wenn Sie dann noch aufschreiben, wie viele Personen die umliegenden Geschäfte auch betreten, haben Sie schon einen relativ guten Anhaltspunkt dafür, mit wie vielen Kunden Sie rechnen können.

Fragen Sie die Einwohner in der Umgebung danach, wie oft diese Blumen kaufen, wie viel Sie in der Regel pro Kauf ausgeben, wo Sie bisher kaufen und was der Anlass für den jeweiligen Kauf ist.

Erfolgs-Check: Kapitel Markt und Wettbewerb

Ein gut ausgearbeitetes Kapitel zum Thema Markt und Wettbewerb beantwortet folgende Fragen:

1. Wie groß sind in der Branche Gesamtumsatz und -absatz?
2. Handelt es sich um eine Wachstumsbranche? Wenn ja, wie hoch sind die geschätzten Wachstumsraten?
3. Welche die Nachfrage beeinflussenden (positive wie negative) Trends gibt es?
4. Sind noch weitere Einflussfaktoren (Politik, Sicherheitslage, Umweltschutz, allgemeines Konsumverhalten ...) für die Branche wichtig? Wenn ja, welche?
5. Wie haben sich die Preise und Kosten in den letzten Jahren entwickelt? Wie wird sich dies in Zukunft verhalten?
6. Mit welchen Markteintrittsbarrieren rechnen Sie?
7. Wie wollen Sie die bestehenden Markteintrittsbarrieren überwinden?
8. Welchen Wettbewerbsvorteil haben Sie?
9. Wer sind Ihre wichtigsten Mitbewerber und welchen Marktanteil haben diese?

10 Welche Lösungen bieten Ihre Mitbewerber an und wie unterscheiden diese sich von Ihrem Angebot?

11 Welche Kundengruppen bedient der Wettbewerber?

12 Wie sieht das Marketing Ihrer Mitbewerber aus?

13 Welche Vertriebswege nutzt Ihre Konkurrenz?

14 Wie positionieren Sie Ihr Angebot preislich im Vergleich zu Ihren Wettbewerbern?

15 Welche Kundensegmente gibt es?

16 Haben Sie schon Referenzkunden gewinnen können? Wenn ja, wie heißen diese und welche Funktionen Ihres Produkts oder Ihrer Dienstleistung sind für diese Kunden besonders wichtig?

17 Was sind die generellen Entscheidungskriterien dafür, dass Kunden sich für Ihre Lösung entscheiden?

18 Wie viele Einheiten können Sie von Ihrem Produkt oder Ihrer Dienstleistung absetzen? Wie wird sich das in Zukunft entwickeln?

19 Welchen Marktanteil wollen Sie erreichen?

Diese Fehler sollten Sie vermeiden:

- Das Marktpotenzial ist übertrieben positiv dargestellt.
- Die Punkte Branche, Wettbewerb und Kunden wurden in der Darstellung vermischt.
- Die Angaben zu Wettbewerbern fehlen.
- Es ist kein Wettbewerbsvorteil erkennbar.
- Ihr gesamtes Vorhaben ist langfristig von nur einem Dutzend Kunden abhängig.

- Sie haben Ihre Zielgruppe nicht genau definiert.
- Sie stützen Ihre Aussagen nicht durch entsprechende Zahlen, Schätzungen und Hochrechnungen zu Markt, Wettbewerbern und Kundenpotenzial.

Marketing und Vertrieb

Zentrale Aufgabe des Marketings ist es, Kundenbedürfnisse zu erkennen und ein dazu passendes Angebot bereitzustellen. Damit ist Marketing weit mehr als nur Werbung. Es fasst alle Maßnahmen zusammen, die ergriffen werden, damit die in der Zielgruppe definierten Personen oder Firmen auf das Angebot aufmerksam werden und es letztlich erwerben. Das Kapitel „Marketing und Vertrieb" ist daher einer der zentralen Bestandteile Ihres Businessplans.

Nach der Darstellung der Markteintrittsstrategie müssen Sie Ihre Marketingstrategie erläutern. Nehmen Sie dabei Bezug auf Ihre Markt- und Konkurrenzanalyse im Kapitel „Markt und Wettbewerb". Daran anschließend verdeutlichen Sie Ihre konkreten Maßnahmen anhand des Marketing-Mix.

Markteintrittsstrategie

Jeder Markt hat seine festen Strukturen. Um sich erfolgreich in diese einzufügen oder sie gar aufzubrechen, müssen Sie als Neuling größere Anstrengungen unternehmen als etablierte Firmen. Im Rahmen der Markteintrittsstrategie zeigen Sie, wie Sie Ihr Unternehmen, Ihr Produkt oder Ihre Dienstleistung in den Markt einführen und dort etablieren wollen.

Überlegen Sie dabei genau, welches Ihre kritischen Erfolgsfaktoren sind. Wenn Sie z.B. ein Massenhersteller sind und schnell viele Kunden gewinnen müssen, um die Produktionskostenvorteile zu nutzen, planen Sie eine breit angelegte Werbekampagne. Vertreiben Sie ein eher erklärungsbedürftiges Produkt, ist es wichtig, bedeutende Pilotkunden zu gewinnen, um Referenzanwendungen vorweisen zu können.

Beispiel für die Formulierung einer Markteintrittsstrategie

Die Markteintrittsstrategie von QRQ AG besteht aus zwei Phasen.

Phase 1 = Jahr 20xx

Ziel der ersten Phase im Jahr 20xx war vor allem, für unser Verfahren Pilotanwender zu gewinnen und es somit einem ersten größeren Praxistest zu unterziehen. Es ist uns gelungen, das Verfahren bei fünf Pilotanwendern in Einsatz zu bringen. Außerdem war geplant, das Kontaktnetzwerk sowohl zu wichtigen Meinungsbildnern als auch zu potenziellen Vertriebspartnern weiter auszubauen. Wie die Besetzung des wissenschaftlichen Beirats zeigt, ist auch hier das Ziel erreicht worden.

Phase 2 = ab Januar 20xx

Die zweite Phase, die im Januar 20xx beginnt, steht ganz im Zeichen des Marketings. So startet die unter Marketing-Mix beschriebene breit angelegte Kampagne. Außerdem werden wir erhebliche personelle und finanzielle Ressourcen in die Gewinnung von großen Referenzkunden in den einzelnen Kundensegmenten lenken.

Die Kundengruppenclusterung, also die Aufteilung in zwei Hauptzielgruppen, haben wir bereits an anderer Stelle näher dargestellt. Daraus abgeleitet wurden entsprechende Zielkunden für jedes Segment definiert, die wir als Erstes angehen werden. Teilweise fand die Ansprache bereits statt. Wo dies noch nicht der Fall ist, wird es im 1. Quartal 20xx. nachgeholt.

Erklären Sie, wie Sie langfristige Lieferbeziehungen und Kundengewohnheiten aufbrechen wollen. Eine Möglichkeit kann sein, anfangs Ihre Ware oder Dienstleistung zu einem sehr niedrigen Preis anzubieten. Oder vielleicht bieten Sie zu Beginn einen kostenlosen Service an.

Beachten Sie, dass in manchen Branchen die Leitmessen, die für die Markteinführung entscheidend sind, nur alle zwei bis drei Jahre stattfinden. Oft ordern spezialisierte Händler ihre Waren schon weit vor dem eigentlichen Anlass. Was zu Weihnachten in den Regalen steht, entscheidet sich in vielen Fällen schon im Frühjahr.

Auch Ihre Werbung wird zum Zeitpunkt Ihres Markteintritts eine andere sein als in künftigen Phasen. Denn zunächst heißt es ja Neukunden gewinnen, während Sie später vermehrt in die Kundenbindung investieren.

Marketingstrategie

Im Rahmen Ihrer Marketingstrategie legen Sie die langfristige Ausrichtung Ihres Angebots fest. Als Basis dienen die Ergebnisse Ihrer Markt- und Wettbewerbsanalyse aus dem vorherigen Kapitel. Beide Punkte müssen zueinander passen.

Über Ihre Marketingstrategie erfährt der Businessplanleser, ob Sie sich z.B. mit einem qualitativ hochwertigen Produkt auf eine sehr anspruchsvolle Kundengruppe spezialisieren oder ob Sie sich durch einen in der Branche bisher einmaligen Service profilieren wollen. In diesem Fall wählen Sie die sogenannte Abschöpfungsstrategie. Sofern Sie allerdings preisaggressiv an den Markt gehen, d.h., mit einem niedrigen Preis versuchen, möglichst viele Einheiten Ihres Produkts oder Ihrer Dienstleistung zu verkaufen, entscheiden Sie sich für eine Penetrationsstrategie.

Beachten Sie die Folgen Ihrer Preisstrategie

Egal, für welches Preisstrategie Sie sich entscheiden: Es hat Auswirkungen auf viele andere Bereiche Ihres Vorhabens. Hohe Preise und gute Qualität verlängern eventuell den Entscheidungszeitraum Ihrer Kunden. Auch die Erwartungen an die Mitarbeiter, den Service oder das Design sind in diesem Fall groß. Eine aggressive Vorgehensweise hingegen provoziert vielleicht Ihre Wettbewerber. Fragen Sie sich, ob Sie darauf reagieren und einen Preiskampf verkraften können. Wenn Sie eine Strategie ausgearbeitet haben, überprüfen Sie immer die Auswirkungen auf Ihre Finanzplanung, die Produktbeschaffenheit und das im Marketing-Mix festgelegte operative Marketing.

Bleiben Sie unabhängig von Ihrer Strategie realistisch. Utopische Marketingpläne verursachen hohe Kosten und bringen meist doch enttäuschend wenig Kunden. Viele Firmen aus der New Economy haben vor gar nicht allzu langer Zeit traurige Beispiele dafür geliefert. Gute Ideen und ausgefallene Ansätze sind wichtiger als viel Geld – das den meisten Jungunternehmern im Übrigen ohnehin nicht zur Verfügung steht.

Marketing-Mix

Sobald Sie Ihre Marketingstrategie definiert haben, können Sie auf dieser Basis konkrete Aussagen zum sogenannten Marketing-Mix treffen, also

- zum Produkt oder zur Dienstleistung (Qualität, Service, Menge, Design, Verpackungsgestaltung, Beratung),
- zum Preis (Preis, Preisstaffel, Rabatt, Boni, Zahlungsfristen, Sonderangebote),
- zum Vertrieb (Vertriebskanäle, direkter oder indirekter Vertrieb, Versandwege, Standort),
- zur Werbung (Werbeaussagen, Werbebudget, Werbeplanung, Pressearbeit, Werbemittel, Medien).

> Die vier Bereiche des Marketing-Mix werden oft auch die „4 Ps" genannt, nach den Anfangsbuchstaben der englischen Wörter: Produkt (Product), Preis (Price), Vertrieb (Place) und Werbung (Promotion).

Das Produkt – so sieht es konkret aus

Im Kapitel „Produkt- und Geschäftsidee" haben Sie ja bereits die wesentlichen Aussagen zu Ihrem Produkt oder Ihrer Dienstleistung gemacht. An dieser Stelle ergänzen Sie die noch fehlenden Teile. Fragen Sie sich, ob es notwendig ist, Produktvariationen herzustellen. Besonders am Anfang sollten Sie möglichst wenige Versionen anbieten und sich auf die Bedürfnisse einer einzigen Zielgruppe beschränken. Das spart viel Kommunikationsaufwand. Eine breite Produktpalette können Sie dann in den nächsten Wachstumsstufen vorsehen.

Erläutern Sie an dieser Stelle auch Ihr Servicekonzept. Welche Schulungen, Kundendienstleistungen, über die gesetzlichen Verpflichtungen hinausgehende Gewährleistungen oder sonstige, die Kaufentscheidung der Kunden positiv beeinflussende Faktoren haben Sie geplant? Machen Sie wenn möglich auch Aussagen zur Qualität. Wie lange soll Ihr Produkt halten? Können Sie sicherstellen, dass Ihre Kunden die Qualität überhaupt wahrnehmen und bereit sind, dafür tiefer in die Tasche zu greifen? Ist es vielleicht sinnvoll, eine günstigere, qualitativ einfachere Variante anzubieten?

Der Preis – wie viel wollen Sie für Ihr Produkt haben?

Den richtigen Preis für sein Produkt zu finden, ist schwieriger, als es auf den ersten Blick scheint. Sie können ihn natürlich ermitteln, indem Sie auf Ihre Gesamtkosten pro Produkt eine Gewinnmarge aufschlagen und das Ergebnis dann als Produktpreis bestimmen. Damit sind Sie zumindest schon mal auf dem richtigen Weg. Den am Markt maximal durchsetzbaren Preis werden Sie auf diese Weise aber nicht unbedingt erzielen. Denn Basis für die Festlegung muss immer die Überlegung sein, was potenzielle Kunden denn für das Produkt oder die Dienstleistung bezahlen würden. Um auf den richtigen Preis zu kommen, müssen Sie diesen daher erst von mehreren Seiten beleuchten:

- Berechnen Sie alle in Ihrem Unternehmen anfallenden Kosten und teilen Sie sie durch die Anzahl Ihrer produzierten Produkte bzw. Dienstleistungseinheiten. Damit haben

Sie die Stückkosten, die absolute, kurzfristige Preisuntergrenze. Wenn Sie langfristig unter diesem Preis verkaufen (müssen), ist Ihr Geschäftsmodell massiv gefährdet. Sie können darauf nur mit Kostensenkungen reagieren.
- Ermitteln Sie, welchen Preis Ihre Konkurrenten für vergleichbare Leistungen verlangen.
- Recherchieren Sie, welche (Handels-)Margen und Aufschläge in Ihrer Branche üblich sind.
- Bewerten Sie, wie viel Mehrnutzen Sie Ihren Kunden bieten und welchen Preisaufschlag Sie dafür verlangen können.
- Gleichen Sie diese Überlegungen mit Ihrer geplanten Marketingstrategie (Abschöpfung oder Penetration) ab.
- Legen Sie auf der Basis dieser Faktoren einen Preis oberhalb der Preisuntergrenze fest, von dem Sie glauben, dass er marktgerecht ist. Wenn Sie feststellen, dass Sie unterhalb der Preisuntergrenze anbieten müssen, ist es dringend an der Zeit, Ihre Kostensituation zu ändern.
- Testen Sie diesen Preis, indem Sie ihn bei ausgewählten Kunden nach ausführlicher Nutzenargumentation für Ihr Produkt oder Ihre Dienstleistung verlangen.
- Passen Sie den Preis nach oben oder unten an. Kalkulieren Sie alles nochmals durch. Wenn Kunden gar nicht oder nur wenig über den Preis verhandeln und trotzdem bei Ihnen kaufen, kann dies ein Hinweis dafür sein, dass es noch einen Spielraum nach oben gibt.

> Hersteller von Computerdruckern bieten die Drucker in der Regel extrem günstig an. Dafür sind aber die Druckerpatronen mit hohen Margen belegt und daher relativ teuer.

Ob es letztlich richtig ist, mehr oder weniger für sein Produkt oder seine Dienstleistung zu verlangen, kann Ihnen niemand sagen. Die Entscheidung liegt bei Ihnen. Es gibt aber Hinweise, die für hohe oder niedrige Preise sprechen.

Indizien, die für höhere Produktpreise sprechen:

- Kunden sind oft bereit, für ein neuartiges Produkt, mit dem sie Kosten senken können oder das einen zusätzlichen Nutzen bringt, mehr zu bezahlen. Kurze Lieferzeiten, viel Flexibilität oder pünktliche Lieferung werden ebenfalls oft mit der Möglichkeit eines Preisaufschlags belohnt.
- Patentgeschützte Innovationen bringen Sie für kurze Zeit in eine Art Monopolposition. Dann können Sie zumindest befristet einen höheren Preis verlangen.
- Bei manchen Produkten wird ein hoher Preis mit hoher Produktqualität gleichgesetzt.

Höhere Einzelpreise bieten zudem eine größere Möglichkeit der Preisdifferenzierung. Damit können Sie z.B. bei Mengenabnahmen größere Preisnachlässe zu geben. Argumente, die für niedrigere Produktpreise sprechen:

- Niedrige Anfangspreise führen recht bald zu hohen Absatzzahlen und damit zu einem großen Marktanteil.

- Sofern Sie bei Ihrer Produktion hohe Fixkosten haben, können Sie diese bei einem niedrigen Produktpreis und damit hohen Absatzzahlen auf viele Produkte umlegen.

Im Softwarebereich ist es oft wichtig, schnell Standards zu setzen. Dies gelingt z.B., wenn man wie Adobe einen Programmteil, hier den Acrobat Reader, kostenlos zur Verfügung stellt.

> Bei innovativen Produkten wird die Bedeutung des Preises als wichtigstes Verkaufsargument oft überschätzt. Bei einem klaren Nutzen und hoher Produktqualität bezahlen die Kunden auch einen höheren Preis.

Bei Dienstleistungen sind die fehlende Lagerfähigkeit und Nachfragespitzen zu Stoßzeiten wichtige Faktoren. Beides sollten Sie in Ihrem Preismodell berücksichtigen. So können Sie als Friseur z.B. den Haarschnitt um die ruhige Mittagszeit günstiger anbieten als am stark frequentierten Samstag.

Egal, für welche Preisvariante Sie sich entscheiden, Sie müssen sie in diesem Baustein ausführlich darstellen. Nennen Sie die Gründe, warum Sie sich für ein bestimmtes Modell entschieden haben, ob und wenn ja, in welchem Fall Sie Rabatte, Boni oder Sonderkonditionen einräumen. Gewähren Sie Ihren Abnehmern Zahlungsziele? Auf welche Arten können Ihre Kunden aus dem Konsumbereich oder diejenigen, die über das Internet bestellen, bezahlen? Arbeiten Sie zu bestimmten Zeiten oder Anlässen mit Sonderangeboten? Bieten Sie Produktteile oder Dienstleistungen kostenlos an, um damit Nachfrage nach dem Hauptprodukt zu erzeugen?

Beispiel für eine Darstellung des Preismodells

Easyrent bietet seinen Kunden Büromöbel nicht zum Kauf, sondern zur Miete an. Entsprechend ist auch das Preismodell aufgebaut. Die Preise richten sich zum einen nach der Vertragslaufzeit, zum anderen nach der Anzahl der Bürosets. Ein Set besteht immer aus einem Standardpaket an Büromöbeln. Zusatzmöbel werden gesondert berechnet. Je mehr Sets der Kunde mietet und je länger er sich vertraglich bindet, umso günstiger wird der Easyrent Service, denn lange Vertragslaufzeiten und hohe Büroset-Zahlen wirken sich günstig auf Einkaufkonditionen und die Akquisitionskosten aus. Nachfolgend ist das Preismodell als Tabelle dargestellt.

Vertragslaufzeit:	3 Jahre	5 Jahre	7 Jahre
Büroset-Klasse:	Pro Jahr und Büroset	Pro Jahr und Büroset	Pro Jahr und Büroset
< 5	150 EUR	140 EUR	130 EUR
< 10	140 EUR	130 EUR	120 EUR
< 20	130 EUR	120 EUR	110 EUR
< 50	120 EUR	110 EUR	100 EUR
> 50	90 EUR	80 EUR	70 EUR

Der Vertriebsweg – wie kommt Ihre Ware zum Kunden?

In diesem Teil des Kapitels „Marketing und Vertrieb" erklären Sie detailliert, wie Sie Ihre Produkte oder Ihre Dienstleistung an den Kunden liefern. Vertriebsprozess und -wege müssen ebenso deutlich werden wie die Organisation, die Anzahl und Qualifikation Ihrer Mitarbeiter.

Die Festlegung des Vertriebswegs ist nicht trivial – bei manchen Geschäftsmodellen ist das sogar der entscheidende Unterschied zur Konkurrenz. Außerdem kann diese Entscheidung erhebliche Kosten mit sich bringen – z. B. beim Eigenvertrieb über angestellte Vertreter. Dafür sprechen allerdings der direkte Zugang zum Kunden und die schnellen Reaktions- und Feedbackmöglichkeiten. Darum wählen vor allem viele Unternehmen mit beratungsintensiven Produkten und Dienstleistungen diesen Weg. Ein Händlervertrieb wiederum hat erhebliche Auswirkungen auf Ihre Preispolitik, da Sie hier entsprechende Spannen einkalkulieren müssen.

Die Entscheidung für einen Vertriebsweg prägt eine Firma immer langfristig. Insofern lohnt es sich, über mögliche Vertriebskanäle nachzudenken und die Vor- und Nachteile genau abzuwägen:

- Internet: Dieses Medium gehört zu denjenigen, die sich derzeit am schnellsten entwickeln. Es hat bereits die Vertriebskanäle unterschiedlichster Branchen (z. B. Bücher, Reisen) stark beeinflusst. Prüfen Sie genau, ob Ihr Produkt für den Onlinevertrieb geeignet ist. Es gilt die Faustregel: Je erklärungsbedürftiger ein Artikel ist, desto weniger eignet er sich für den reinen Internetvertrieb.

- Großhandel/Einzelhandel: Bei einem Vertrieb über Handelspartner kann man mit nur wenigen zentralen Kontakten einen breiten Marktzugang bekommen. Doch auch Händler achten darauf, welche Produkte sich gut verkaufen und gute Margen erzielen. Sie müssen daher zunächst Überzeugungsarbeit leisten.

- Handelsvertreter: Spezialisierte Firmen oder Einzelpersonen übernehmen den Vertrieb Ihres Produkts. Dieser Kanal ist gut für erklärungsbedürftige Artikel geeignet. Die Fixkosten sind meist gering, da nur bei erfolgreichem Abschluss eine Provision bezahlt wird.
- Eigene Vertriebsmitarbeiter: Wenn Sie einen direkten Zugang zum Kunden wünschen und gute Produktkenntnisse erforderlich sind, um einen Abschluss zu erzielen, sollten Sie eigene Vertriebsmitarbeiter einstellen. Der Aufbau einer erfolgreichen Mannschaft ist aber unter Umständen langwierig und relativ teuer.
- Franchising: Hier wird das komplette Geschäftssystem gegen eine Lizenzgebühr an andere Partner übergeben. Diese führen es dann auf der Grundlage strenger Vorgaben eigenständig aus. Damit erreichen Sie ein schnelles Wachstum bei geringen Investitionen.
- Direktmarketing oder Katalogvertrieb: Bei diesem Vertriebsweg schicken Sie Ihren Zielkunden entsprechende schriftliche Unterlagen. Die Kunden bestellen direkt -entweder über Antwortkarten, per Fax oder auch über ein Callcenter. So können Sie erklärungsarme Produkte schnell am Markt platzieren.
- Eigene Verkaufsstellen: Einen Laden sollten Sie dann wählen, wenn das Einkaufserlebnis wichtig ist oder Sie direkten Zugang zum Kunden wünschen. Der Aufbau ist relativ teuer. Geschäfte lohnen sich nur, wenn die Kundenfrequenz angemessen ist.

Beispiel für die Formulierung eines Vertriebskonzepts

Vertriebsziele

Die 4P GmbH vertreibt die Lösung hauptsächlich über eine eigene Vertriebsmannschaft. Dabei muss ein entsprechender Vertriebstrichter berücksichtigt werden, d.h. von 15 Kunden, bei denen eine Präsentation stattfindet, wird zunächst nur einer abschließen. Dies ist die Basis, um die auf der nächsten Seite dargestellten Vertriebsziele zu erreichen.

Wie aus der Tabelle ersichtlich ist, plant 4P GmbH im Jahr 20xx zehn Großunternehmen und 30 Mittelständler der Automobilzulieferindustrie unter Vertrag zu haben. Im darauf folgenden Jahr sollen weitere 20 Großunternehmen und 70 Mittelständler dazukommen.

Vertriebspartnerschaften

Eine weitere Säule des Vertriebs ist der Aufbau von Vertriebspartnerschaften. Die 4P GmbH sucht gezielt nach Unternehmen, die mit Zielkunden schon in einer Geschäftsbeziehung stehen, für die die Lösung von 4P aber keine Konkurrenz darstellt.

Die Werbung – wie erfahren die Kunden von Ihnen?

Welche Werbung Sie betreiben, hängt natürlich wesentlich von Ihrem Produkt und Ihrer Zielgruppe ab. So können Sie für ein Massenprodukt Anzeigen und Spots in den Massenmedien, d.h. Fernsehen, Radio oder Zeitung und Zeitschriften schalten. Bei lokal interessanten Angeboten sollten Sie die Medien vor Ort bevorzugen. Bei sehr speziellen Angeboten für Firmenkunden kann ein Mailing, ein Newsletter oder die Messeteilnahme sinnvoll sein. Man unterscheidet im Wesentlichen folgende Werbekategorien:

- Klassische Werbung: Schaltung von Anzeigen oder Spots in Zeitungen, Zeitschriften, TV oder Radio.

- Verkaufsförderung: Werbung am Ort des Produktverkaufs z. B. auf Messen über Werbegeschenke, Displays, Warenproben, Informationsveranstaltungen.
- Öffentlichkeitsarbeit: möglichst positive Erwähnung in den Medien durch kontinuierliche Information über das Unternehmen und die Produkte.
- Persönlicher Verkauf: Unterstützt durch Werbemittel wie z. B. Broschüren und Präsentationen berät ein Verkäufer die Kunden direkt.

Achten Sie darauf, Ihre Werbung gezielt zu platzieren. Es bringt Ihnen nicht viel, wenn Sie eine Software herstellen, die für 400 Pharmahersteller interessant ist, Ihr Angebot aber über Fernsehwerbung 80 Millionen Menschen bekannt machen. Halten Sie sich an die Frage: Wer (Ihre Firma) sagt was (Werbebotschaft) zu wem (Zielgruppe) über welchen Kanal (Medium) mit welchem Erfolg (Werbeerfolg)?

> Halbjährlich aktualisierte Preise und Daten zur Kalkulation von Werbeetats liefert der Etat-Kalkulator. Er enthält alle notwendigen Angaben zur überschlägigen Werbekostenberechnung von den Anzeigenpreisen über Texterhonorare bis hin zur Internetwerbung. www.ccvision.de/de/etat-kalkulator.

Ziel Ihrer Werbung muss sein, den einzigartigen Nutzen Ihres Produkts für die Zielgruppe darzustellen. Kreativität ist gefordert, vor allem dann, wenn Sie mit begrenzten Mitteln große Wirkung erzielen wollen. Vielleicht fällt Ihnen ja eine ausgefallene (legale) Aktion ein, die Ihnen viel Presseaufmerksamkeit und damit quasi kostenlose Werbung bringt. Ausgewählte Kostenbeispiele zeigt die nachfolgende Tabelle:

Medium	Werbemittel	Gesamtkontakte oder Auflage	Gesamtkosten (Agentur und Produktion)
Geschäftsdrucksache	Brief, Fax, Rechnung, Versandhülle, Visitenkarten	2.000 Stück	4.000 EUR
Prospekt	8-seitig, DIN A4, 4-farbig, Papierstärke: 135g/qm	10.000 Stück	8.000 EUR
Direktmail	Anschreiben DIN A4, Flyer DIN A4, Antwortkarte DIN A6, Versandhülle DIN lang	30.000 Stück	10.000 EUR
Fachzeitschrift Motorradhändler	Anzeige ganzseitig, 4-farbig	11.000 Auflage	3.000 EUR
Suchmaschine	Google AdWords	beliebig, aber limitierbar	0,05 EUR pro Klick

Quelle: Etat-Kalkulator, creativ collection Verlag, www.ccvision.de

In diesem Abschnitt zeigen Sie, wie Ihre potenziellen Kunden auf Ihr Produkt oder Ihre Dienstleistung aufmerksam werden sollen. Formulieren Sie Ihre Werbeziele. Stellen Sie einen detaillierten Plan auf, aus dem hervorgeht, was Sie wann machen wollen. Definieren Sie Ihr Werbebudget und zeigen Sie die genaue Verwendung.

Beispiel für Kapitel Werbung und Verkaufsförderung

Die Maßnahmen starten mit Beginn des Jahres 20xx. Vorbereitend haben wir umfangreiche Unternehmens- und Produktdarstellungen in Auftrag gegeben, die von einer Stuttgarter Agentur bis Ende Januar 20xx umgesetzt werden.

Der Infoflyer ist eine Art „große Visitenkarte". Hier werden das Unternehmen und die Dienstleistung kurz beschreiben. Die Imagebroschüre dient dazu, Interessenten einen Eindruck über die Rentsch AG und die Personen, die dahinter stehen, zu vermitteln. Die Produktbroschüre beschreibt die Dienstleistung von Rentsch.

Schwerpunkte im Rahmen der Werbung und Verkaufsförderung für das Jahr 20xx bilden folgende Maßnahmen:

Public Relations (PR Arbeit)

Wichtig ist im Rahmen der PR, dass Rentsch in Titeln erscheint, die von den Entscheidungsträgern bei den Zielkunden gelesen werden. Die richtige Auswahl zu treffen und dieses Konzept umzusetzen, ist Aufgabe der beauftragten Agentur. Ein Briefing haben wir bereits erarbeitet.

Direktmarketingmaßnahmen

Die Rentsch AG verfügt über eine umfangreiche Kundendatenbank, die wir in den letzten Monaten der Vorbereitung selbst aufgebaut haben. An die gesamte Zielgruppe oder an Teile davon werden ab Januar monatlich Mailings sowohl online als auch offline verschickt. Bei den Zielpersonen soll ein so großes Interesse an der Rentsch AG und dem Produkt geweckt werden, dass sie einen Präsentationstermin wünschen. Ein Direktverkauf über Mailings ist bei der Komplexität der Leistung nicht möglich. Sofern bestimmte Anlässe wie Veranstaltungen oder eine Messeteilnahme anstehen, wird in den Mailings darauf hingewiesen bzw. es werden Einladungen versandt.

Veranstaltungen

Rentsch wird auf der Hannover-Industriemesse vertreten sein. Außerdem werden vier eigene Veranstaltungen im Jahr durchgeführt, bei denen wir mit Entscheidern aus den Unternehmen in Kontakt kommen wollen. Zwei der Events finden am Abend statt.

Ein bekannter Redner wird zu einem für die Zielkunden interessanten Thema sprechen. Eine kurze Begrüßung wird Rentsch nutzen, um auf das eigene Produkt aufmerksam zu machen. Im Vortragsraum steht zudem ein Prototyp. Bei den beiden anderen Veranstaltungen handelt es sich um Seminare zum Thema „Produktion im Jahr 20xx". Sie werden zusammen mit Experten aus dem wissenschaftlichen Beirat durchgeführt werden. Auch sie dienen der Kontaktanbahnung.

Webauftritt

Die Rentsch AG war bisher zwar schon im Web präsent, aber bemüht, online nicht zu viel über das neue Produkt und das Unternehmen auszusagen. Damit sollte verhindert werden, dass noch vor dem Abschluss des Patentverfahrens Wettbewerber auf den Plan gerufen werden. Dies ist bisher gelungen. Im Rahmen der Marketingoffensive im Jahr 20xx wird der Webauftritt einem kompletten Relaunch unterzogen und anschließend aktuellem Standard entsprechen.

Aktionen im Jahr 20xx	Zeitrahmen	Etatmittel in TEUR
PR	ganzjährig	40
Anfertigen und Versenden einer Basispressemappe		
Erstellen von Pressemitteilungen		
Veröffentlichungen in zielgruppenspezifischen Medien		
Direktmarketingmaßnahmen	pro Monat ein Mailing	40
Erstellen von zielgruppenspezifischen Brief-Mailings		
Versand an den Verteiler		
anlassbezogene Mailings z.B. zur Einladung auf Messen oder Veranstaltungen		

Aktionen im Jahr 20xx	Zeitrahmen	Etatmittel in TEUR
Erstellung und Versand von Online-Mailings		
Veranstaltungen/Messen		80
Produktpräsentation in Stuttgart	Februar	
Produktpräsentation auf der Hannover-Messe	April	
Seminar zum Thema „Produktion im Jahr 20xx" zusammen mit Mitgliedern des wissenschaftlichen Beirats	Mai	
Produktpräsentation in Frankfurt	Juni	
Seminar „Produktion im Jahr 20xx" zusammen mit dem wissenschaftlichen Beirat	September	
Produktpräsentation in Köln	November	
Webauftritt	ganzjährig	20
SUMME Werbeetat:		190

Erfolgs-Check: Kapitel Marketing und Vertrieb

Ein gut ausgearbeitetes Kapitel zum Thema Marketing und Vertrieb beantwortet folgende Fragen:

1. Wie sieht Ihre Markteintrittsstrategie aus?
2. Was sind dabei Ihre konkreten Schritte und wie sieht der entsprechende Zeitplan aus?
3. Welche Marketingstrategie haben Sie warum gewählt?
4. Welchen Preis legen Sie für Ihr Produkt oder Ihre Dienstleistung fest?
5. Räumen Sie Ihren Kunden besondere Zahlungsbedingungen (Rabatte, Zahlungsfristen, Boni) ein?

6 Über welchen Vertriebsweg wollen Sie Ihre Lösung verkaufen? Wie ist der Vertriebsprozess?

7 Müssen Sie eine Handelsspanne für bestimmte Vertriebskanäle einkalkulieren? Wenn ja, wie hoch ist diese?

8 Wie viele Produkte oder Dienstleistungen wollen Sie in einem bestimmten Zeitraum absetzen?

9 Welches Personal benötigen Sie für den Vertrieb?

10 Wie hoch sind die Vertriebs- und Marketingausgaben?

11 Wie sieht Ihre Werbeplanung aus?

12 Was wollen Sie wann, mit welchem Werbemittel, mit wie viel Budget erreichen?

Diese Fehler sollten Sie vermeiden:

- Die Markteintrittsstrategie nicht ausreichend darstellen.
- Die gewählten Vertriebswege passen nicht zum Produkt oder zur Dienstleistung.
- Die festgelegten Preise stimmen nicht mit den Angaben und Kalkulationen in anderen Kapiteln überein.
- Der Preis ist nicht angemessen, d. h. er lässt sich am Markt nicht durchsetzen oder er ist trotz hoher Innovationskraft des Produkts zu niedrig gewählt.
- Es ist keine Werbeplanung erstellt worden.
- Die Werbekosten sind zu gering kalkuliert.
- Die Werbung ist zu breit angelegt.

Unternehmensform

In diesem Kapitel geht es um den Firmennamen, die Rechtsform und die Gesellschafterstruktur.

Firmenname

Lassen Sie sich bei der Auswahl Ihres Firmennamens Zeit und gehen Sie mit Bedacht vor. Zum einen müssen Sie hierbei rechtliche Aspekte beachten und zum anderen spart ein gut gewählter Name langfristig sehr viel Geld, das Sie sonst in den Marketingetat stecken müssen. Beide Aspekte sollten Sie in diesem Kapitel kurz darstellen.

Den Namen sollten Sie wenn möglich nach der Gründung nicht mehr ändern. Eine gut eingeführte Bezeichnung stellt an sich schon einen Firmenwert dar. Bei häufigen Änderungen wird es viel schwieriger, Firma und Produkt bekannt zu machen. Wenn Sie die folgenden Punkte bei der Namenswahl bedenken, dann sind Sie auf einem guten Weg:

- Um Ihren Werbeetat zu schonen, sollten Sie einen Firmennamen wählen, den Sie auch für Ihr Produkt oder Ihre Dienstleistung verwenden können. Dann müssen sich Ihre Kunden nicht unterschiedliche Namen merken.
- Prüfen Sie, inwieweit Sie den Namen und, sofern vorhanden, das Logo schützen können.
- Prüfen Sie, ob der entsprechende Domainname für die Internetkommunikation noch frei ist. Eine schnelle Auskunft erhalten Sie unter www.denic.de.

- Wenn Sie international tätig werden wollen, lassen Sie die Namensbedeutung in den wichtigsten Sprachen überprüfen.
- Der Klang des Namens muss zu Ihrem Vorhaben passen. So ist die Bezeichnung „Torax" für einen Weichspüler eher ungeeignet, da das Wort sehr hart klingt.

Rechtsform und Gesellschafterstruktur

Welche Rechtsform Ihr Unternehmen hat, ist von zentraler Bedeutung. Denn damit legen Sie die Haftung der Gesellschafter fest. So stehen Sie als Einzelunternehmer mit Ihrem ganzen (auch privaten) Vermögen für Verbindlichkeiten Ihres Unternehmens ein. Dies gilt auch für Partner in einer Gesellschaft bürgerlichen Rechts (GbR). Bei der Gesellschaft mit beschränkter Haftung, der GmbH, ist die Haftung auf die Einlage auf das Stammkapital beschränkt. Auch die AG beschränkt die Haftung, aber hier sind umfangreiche Reportinganforderungen zu erfüllen. Das bindet zwar in der Anfangsphase wertvolle Ressourcen, aber andererseits erleichtert die Rechtsform der Aktiengesellschaft die Aufnahme weiterer Gesellschafter (Aktionäre) und den Gang an die Börse.

Wenn Sie sich in dieser wichtigen Frage unschlüssig sind, sollten Sie einen Fachmann, z. B. Ihren Steuerberater, zurate ziehen. Wählen Sie jene Rechtsform, die dem Vorhaben angemessen ist und die Ihre steuerlichen und betriebswirtschaftlichen Interessen berücksichtigt. Stellen Sie in diesem Baustein dar, warum Sie sich für diese bestimmte Rechtsform entschieden haben, wer die Gesellschafter sind und wie die Verteilung der Gesellschafteranteile aussieht.

Beispiel für Rechtsform und Gesellschafterdarstellung

Die Firma Rottenglas wurde in der Rechtsform einer Gesellschaft mit beschränkter Haftung (GmbH) gegründet, um so die Erstellung des Prototyps in einem geordneten rechtlichen Rahmen finanzieren zu können. Der Hauptsitz der Gesellschaft befindet sich in Frankfurt. Die Gesellschaft wurde im März 20xx ins Handelsregister eingetragen. Gesellschafter der Rottenglas GmbH sind Gründer 1 und Gründer 2 zu jeweils 50 Prozent.

Obwohl das Szenario einer externen Venture Capital Beteiligung von vornherein in die Überlegungen einbezogen wurde, haben die Gründer zum Firmenstart nicht die Rechtsform einer AG gewählt. Dadurch konnten sie sich im Gründungsjahr vollkommen auf die Produktentwicklung und die Gewinnung von Pilotkunden konzentrieren. Das umfassende AG-Reporting entfiel zunächst. Um schnell den Geschäftsbetrieb aufzunehmen, wurde von der beratenden Kanzlei ein GmbH-Mantel übernommen (Handelsregisterauszug siehe Anhang). Engere Gespräche über eine Beteiligung laufen zurzeit vor allem mit der Schweizer VC-Firma Latefox, die das Unternehmen bereits seit einiger Zeit beratend begleitet.

Erfolgs-Check: Kapitel Unternehmensform

Ein gut ausgearbeitetes Kapitel zum Thema Unternehmensform beantwortet folgende Fragen:

1 Was waren die Gründe für die Wahl des Firmennamens?
2 Haben Sie den Firmenname und/oder das Logo rechtlich geschützt?
3 Ist die Internet-Domain noch frei?
4 Welche Rechtsform haben Sie gewählt?
5 Warum haben Sie diese Rechtsform gewählt?
6 Wer sind die Gesellschafter und wie verteilen sich die Gesellschafteranteile?

Diese Fehler sollten Sie vermeiden:

- Es werden keine Aussagen zur Gesellschafterstruktur und zum Stammkapital gemacht.
- Die Rechtsform und die Kapitalausstattung sind nicht auf das Vorhaben angepasst.
- Die Organisationsstruktur und die Zuständigkeiten sind nicht ausreichend dargestellt.

Finanzplanung

Im Rahmen Ihrer Finanzplanung führen Sie den Beweis, dass Ihre Geschäftsidee langfristig rentabel ist. Sie erläutern, wie Ihre Unternehmensidee auf der Basis der bisher getroffenen Angaben über die nächsten drei Jahre finanziert werden kann. Entscheidend dabei ist, dass die Zahlen mit den Angaben und Ausarbeitungen in den vorhergehenden Kapiteln übereinstimmen. Gleichen Sie daher die Aussagen, die Sie hier machen, immer wieder mit den Angaben an anderer Stelle ab. Stimmen die Absatzmengen überein? Ist der Preis noch derjenige, den Sie auch im Marketingplan genannt haben? All das sind Punkte, auf die ein erfahrener Businessplanleser achtet. Konkret gehen Sie bei der Erstellung der Finanzplanung wie folgt vor:

1 **Sammeln** Sie alle Daten wie Kosten, geplante Absatzmenge, Preise, die sich auf der Basis Ihrer bisherigen Überlegungen ergeben.

2 Zeigen Sie die wichtigsten Investitionen und den beabsichtigten Personalaufbau im Rahmen der **Investitions- und Personalplanung** auf.

3 Stellen Sie danach die **Gewinn- und Verlustrechnung** auf. Das erste Geschäftsjahr sollten Sie monatlich planen. Für die beiden folgenden Jahre ist eine Quartalsdarstellung ausreichend.

4 Beginnen Sie anschließend mit der **Liquiditätsplanung**. Zu welchem Zeitpunkt und in welcher Höhe gehen welche Zahlungen ein? Wann tätigen Sie welche Ausgaben? Auch hier ist es sinnvoll, das erste Geschäftsjahr monatlich zu planen. Für die beiden folgenden Jahre ist eine Quartalsdarstellung ausreichend.

5 Gehen Sie jetzt auf Ihren **Kapitalbedarf** ein. Die Fragen, die Sie dafür beantworten müssen, lauten: Wie viel Geld brauchen Sie insgesamt? Aus welchen Quellen kommt es? Wann muss es zur Verfügung gestellt werden?

6 Aus der Gewinn- und Verlustrechnung und der Liquiditätsplanung ergibt sich die **Planbilanz**.

Die Tabellen in Ihrem Businessplan sollten Sie kurz verbal erläutern. Gehen Sie auch auf das Erreichen des Break-Even-Punkts ein, also den Zeitpunkt, zu dem Ihre Erlöse die Kosten übersteigen.

> In diesem Kapitel können nur die groben Grundzüge der Finanzplanung erläutert werden. Für den Zahlenteil selbst sollte auf jeden Fall eine Finanzplanungssoftware eingesetzt werden. Es gibt viele gute und günstige Planungstools, z. B. unter www.haufe.de oder www.redmark.de. Auch bei Businessplanwettbewerben werden Ihnen Tools zur Verfügung gestellt. Schauen Sie auch beim BMWI unter www.softwarepaket.de.

Hinweis: Ausführliche Informationen zur Erstellung und praktischen Umsetzung von Finanzplänen bietet der TaschenGuide „Finanz- und Liquiditätsplanung".

Investitions- und Personalplanung

Führen Sie auf, welche Investitionen Sie in den nächsten drei Jahren tätigen wollen. Berücksichtigen Sie alle Güter, die Sie langfristig in Ihrem Unternehmen nutzen. Klassisch sind Gebäude, Fahrzeuge, Maschinen und IT-Ausstattung. Achten Sie auf den optimalen Beschaffungszeitpunkt, um nicht zu viel Kapital auf einmal zu binden. Denken Sie daran, dass sich die Abschreibungen auf die Investitionen auf Ihre Gewinn- und Verlustrechnung auswirken.

Im nächsten Schritt stellen Sie in einem Betriebsmittelplan die Fixkosten Ihres Unternehmens zusammen. Das sind alle Ausgaben, die in der Gewinn- und Verlustrechnung als „Sonstige Aufwendungen" zusammengefasst sind, bei kleinen Gründungen im Dienstleistungsbereich vor allem:

- Büro- oder Ladenmiete inklusive der Nebenkosten
- Laufende Marketing- und Werbekosten
- Geschenke und Bewirtungskosten
- Betriebliche Versicherungen und Mitgliedschaften
- Kfz-Kosten
- Sonstige Reisekosten
- Porto, Telefon, Fax und Internet
- Laufende IT-Kosten

- Bürobedarf
- Bankgebühren
- Betriebssteuern

Vergessen Sie nicht, auch Ihr Gehalt zu kalkulieren. Rechnen Sie Miete, Lebensmittel, Kleidung, Versicherungs- und Vereinsbeiträge, Gebühren und sonstige Zahlungsverpflichtungen zusammen. So erhalten Sie als Grundlage Ihr notwendiges Nettogehalt. Denken Sie daran, dass Sie auch private Steuern zahlen müssen.

> Bei einer GmbH oder AG berücksichtigen Sie Ihr Gehalt unter der Position „Personalkosten". Bei einer Personengesellschaft muss der Jahresüberschuss die Höhe Ihres Bruttogehalts haben.

Wenn Sie Mitarbeiter beschäftigen wollen, erstellen Sie eine Personalplanung. Notieren Sie, welche Kosten Sie zugrunde gelegt haben.

Beispiel für eine verbale Erläuterung der Investitionsplanung

> Da die bisherigen (provisorischen) Büroräume nicht allen Mitarbeitern Platz bieten, wird zum 1. Juni 20xx ein neues Büro in unmittelbarer Nachbarschaft zum bisherigen angemietet. Entsprechend fallen in den ersten fünf Monaten Büroausstattungsinvestitionen an. Aufgrund der Konzentration unserer Kunden in der Bundeshauptstadt Berlin ist dort ab Mitte des kommenden Jahres die Eröffnung einer Dependance geplant.

Auf dieser Grundlage können Sie Ihre Gewinn- und Verlustrechnung und die Liquiditätsplanung erstellen.

Gewinn- und Verlustrechnung (GuV)

Auch wenn Sie gesetzlich nicht dazu verpflichtet sind, eine GuV zu erstellen (z. B. als Freiberufler), ist die GuV Bestandteil eines guten Businessplans. Die GuV zeigt, wie viel „am Ende übrig bleibt". Aus den kalkulierten Umsätzen und Kosten ergibt sich der Jahresüberschuss. Kosten und Umsätze sind hier anzusetzen, unabhängig davon, ob wirklich Geld geflossen ist. Der Ertrag aus einem Geschäft ist bei Entstehen anzugeben, auch wenn die Rechnung z. B. erst im nächsten Geschäftsjahr beglichen wird. Und so gehen Sie vor:

1 Sammeln Sie die Daten zum Produkt, zum Markt und zum Marketing und bewerten Sie, zu wann Sie welche Absatzmengen zu welchem Preis verkaufen können. Diese Werte bilden Ihre Erträge.

2 Stellen Sie alle Aufwendungen zusammen. Die größten Positionen sind meist der Materialaufwand, Personal-, Miet- und Leasingkosten. Achtung: Investitionsausgaben, also beispielsweise die Anschaffungskosten für eine Maschine, werden in der GuV nicht erfasst. Hier setzen Sie lediglich die Abschreibungen an, also den Wertverlust der Maschine durch Abnutzung.

3 Führen Sie alle Positionen in der GuV zusammen. Achten Sie auf eine realistische zeitliche Verteilung.

Eine Gewinn- und Verlustrechnung ist wie folgt aufgebaut:

Gewinn- und Verlustrechnung (in TEUR)	Jahr 1	Jahr 2	Jahr 3
1. Erträge aus …			
1.1 Umsatzerlöse			
1.2 Bestandsveränderungen			
1.3 Aktivierte Eigenleistungen			
1.4 Sonstige betriebliche Erträge			
1.5 Erträge			
2. Aufwendungen für …			
2.1 Material und Waren			
2.2 Fremdleistungen			
2.3 Personal (inklusive Sozialabgaben)			
2.4 Leasing			
2.5 Abschreibungen			
2.6 Sonstige Aufwendungen			
2.7 Rückstellungen			
2.8 Summe Aufwendungen			
3 Betriebsergebnis			
4.1 Zinsen			
4.2 Außerordentlicher Ertrag			
4.3 Außerordentlicher Aufwand			
4.4 Steuern auf Einkommen			
4.5 Staatliche Zuschüsse			
5. Jahresüberschuss/-defizit			

Beispiel für eine verbale Erläuterung der Gewinn- und Verlustrechnung

Da TKH Büromöbel vermietet und nicht verkauft, wird bei den Umsatzerlösen nicht mit saisonalen oder anderweitig beeinflussten Schwankungen gerechnet. Die meisten Erlöse entstehen durch das Vermieten der Standardmöbel. Der Posten „Abschlussgebühr" ergibt sich aus dem Einmalbetrag, der für das erstmalige Aufstellen der Möbel erhoben wird. Da erste Tests gezeigt haben, dass Kunden diese Gebühr gern als Verhandlungsspielraum nutzen, wurde sie auf den Jahresmietpreis umgelegt und wird im Preismodell nicht mehr erwähnt. Buchhalterisch wird die Abschlussgebühr allerdings noch extra ausgewiesen.

Auch hier gilt: Die Angaben müssen zu den Daten und Fakten in den anderen Bausteinen passen. Für den laufenden Betrieb sollten Sie sich für die GuV fachlichen Rat einholen, da bei der genauen Zuordnung gesetzliche Vorschriften nach dem Handelsgesetzbuch zu berücksichtigen sind.

Die GuV gibt Ihnen Auskunft, ob Sie ein positives oder negatives Geschäftsergebnis erreicht haben. Über Ihre Zahlungsfähigkeit erhalten Sie aber hier keine Auskunft.

Liquiditätsplanung

Eines der wichtigsten Werkzeuge, nicht nur bei der Vorbereitung, sondern vor allem auch in der konkreten Umsetzung, ist die Liquiditätsplanung.

So paradox es klingt: Viele junge Unternehmen geraten trotz positivem Geschäftsergebnis in die Insolvenz. Warum? Weil sie die Liquiditätsplanung vernachlässigen und z.B. nicht berücksichtigen, dass Zahlungseingänge und –ausgänge auseinanderfallen können.

> Planen Sie zusätzliche Liquiditätsreserven ein. So stellen Sie die Zahlungsfähigkeit Ihres Unternehmens auch dann sicher, wenn Kunden verspätet oder auch gar nicht bezahlen. Auch kann viel Zeit vergehen, bevor überhaupt zum ersten Mal Geld fließt.

Im Liquiditätsplan erfassen Sie alle Einzahlungen, die bei Ihnen eingehen, und alle Auszahlungen, die Sie tätigen. Halten Sie dabei sowohl die Höhe als auch den Zeitpunkt der Transaktion fest. Wenn Sie eine Rechnung schreiben, ist das Geld noch lange nicht auf Ihrem Konto. Der reale Zahlungszeitpunkt ist maßgebend. Bedenken Sie auch, dass Sie regelmäßig Mehrwertsteuer an das Finanzamt abführen müssen und dass sich das auf Ihre Liquidität auswirkt. Alle Ein- und Auszahlungen in Ihrem Unternehmen können Sie nach folgendem Muster zusammenstellen:

Liquiditätsplanung (in TEUR)	Jahr 1	Jahr 2	Jahr 3
1. Einzahlung aus …			
1.1 Umsatz			
1.2 Anzahlung			
1.3 Vorsteuererstattung			
1.4 Sonstige Einzahlungen			
1.5 Summe Einzahlungen			
2. Auszahlungen aus …			
2.1 Material/Waren			
2.2 Fremdleistungen			

Liquiditätsplanung (in TEUR)	Jahr 1	Jahr 2	Jahr 3
2.3 Personal			
2.4 Leasing			
2.5 Kredittilgungen			
2.6 Zinsen			
2.7 Sonstige Auszahlungen			
2.8 Steuern			
2.9 Mehrwertsteuer			
2.10 Investitionen			
2.11 Summe Auszahlungen			
3. Liquiditätssaldo (1.5-2.11) Zu-/Abnahme flüssiger Mittel (Cashflow)			
4. Liquiditätssaldo kumuliert			
5. Finanzierung			
6. Flüssige Mittel am Jahresende			

Beispiel für eine verbale Erläuterung der Liquiditätsplanung

Angesichts des gesamten Finanzvolumens wurde auf die Berücksichtigung der Vorsteuererstattung verzichtet. Sie betrug im Jahr 20xx pro Monat nur 2.000 Euro und fällt daher kaum ins Gewicht. Es wird davon ausgegangen, dass sich dies auch in Zukunft nicht wesentlich ändert. Sollte die Vorsteuererstattung später allerdings einen nennenswerten Betrag ausmachen, wird sie in die Planung einbezogen.

Das im Januar 20xx von den Gesellschaftern neu in die Gesellschaft eingebrachte Eigenkapital sichert die Gesellschaft im „Real case"-Szenario bis zum Januar 20xx. Für diesen Zeitpunkt ist dann die nächste und letzte Finanzierungsrunde geplant.

Zahlungsfähig sind Sie dann, wenn zu jedem Zeitpunkt Ihre flüssigen Mittel die Auszahlungen übersteigen. Sollten die Einzahlungen zu einem bestimmten Zeitpunkt geringer sein als die Auszahlungen, müssen Sie diese Differenz mit Firmenkapital ausgleichen. Daher bestimmen Sie mithilfe der Liquiditätsplanung letztlich auch den Kapitalbedarf.

Kapitalbedarf

Die Liquiditätsplanung zeigt Ihnen zwar, wie viel Kapital sie benötigen – woher das Kapital allerdings stammt, geht daraus nicht hervor. Daher sollten Sie in diesem Kapitel noch auf Ihre Kapitalquellen eingehen. Stellen Sie Ihre Mittelherkunft entsprechend der üblichen Unterscheidung in Eigenkapital und Fremdkapital dar. Die folgende Tabelle zeigt ein mögliches Berechnungsschema:

Kapitalbedarfsplanung	Jahr 1	Jahr 2	Jahr 3
Investitionen			
Vorräte			
Forderungen			
Liquiditätsreserve			
Einmalige Kosten (Gründung)			
SUMME Kapitalbedarf			
Eigenkapital			
Eigenmittel			
Beteiligungskapital			
Ergebnisanpassung			
SUMME Eigenmittel			

Kapitalbedarfsplanung	Jahr 1	Jahr 2	Jahr 3
Fremdkapital			
Privatdarlehen			
Öffentliche Fördermittel			
Bankdarlehen			
Kreditlinie Konto			
Lieferantenkredit			
Sonstige Verbindlichkeiten			
SUMME Fremdmittel			
Kapital-Über-/Unterdeckung			

Je nachdem welche Innovationskraft, Expansionsgeschwindigkeit und welchen Kapitalbedarf Ihr Vorhaben besitzt, werden Sie mehr Fremd- oder mehr Eigenkapital einsetzen. Wichtig ist, dass Sie den für Ihre Geschäftsidee richtigen „Kapital-Mix" wählen. Überlegen Sie sich aber zunächst, was Sie selbst in Bezug auf die Kapitalquelle wollen. Eine ausführliche Darstellung zu den Vor- und Nachteilen, die die unterschiedlichen Modelle bieten, und zu der Frage, für welches Gründungsvorhaben welche Kapitalquelle geeignet ist, finden Sie im Kapitel „Externe Geldquellen erschließen – darauf schauen Investoren".

Planbilanz

Externe Kapitalgeber wie Banken oder Venture Capitalists wollen wissen, wie sich das Firmenvermögen im Planungszeitraum voraussichtlich entwickelt. Dafür ist am besten die Aufstellung einer Planbilanz geeignet. Sie gibt einen Überblick über die Finanzen und ist außerdem Basis für die Ermittlung von wichtigen Kennzahlen wie beispielsweise der Eigenkapitalquote oder der Eigenkapitalrentabilität.

Auf der Aktivseite zeigen Sie, wie Sie das Firmenvermögen einsetzen (Mittelverwendung). Auf der Passivseite stellen Sie dem die Mittelherkunft gegenüber. Eine vereinfachte Planbilanz können Sie dem nachfolgenden Schema entnehmen. Detaillierte Angaben sollten Sie dem Handelsgesetzbuch entnehmen. Lassen Sie sich auch hier von Fachleuten, wie z.B. einem Steuerberater, beraten.

Planbilanz AKTIVA	Jahr 1	Jahr 2	Jahr 3
1. Anlagevermögen			
1.1 Immaterielle Vermögenswerte			
1.2 Sachanlagen			
1.3. Finanzanlagen			
2. Umlaufvermögen			
2.1 Vorräte			
2.2 Forderungen und sonstige Vermögensgegenstände			
2.3 Wertpapiere			
2.4 Schecks, Kassenbestand, Guthabenkonten			
3. Rechnungsabgrenzungsposten			
SUMME AKTIVA			

Planbilanz PASSIVA	Jahr 1	Jahr 2	Jahr 3
1. Eigenkapital			
1.1 Gezeichnetes Kapital			
1.2 Kapitalrücklagen			
1.3. Gewinnrücklagen			
1.4 Gewinn-/Verlustvortrag			
1.5 Jahresüberschuss/-fehlbetrag			
2. Rückstellungen			
3. Verbindlichkeiten			
4. Rechnungsabgrenzungsposten			
SUMME PASSIVA			

Erfolgs-Check: Kapitel Finanzplanung

Ein gut ausgearbeitetes Kapitel zum Thema Finanzplanung beantwortet folgende Fragen:

1. Wie viel Kapital investieren Sie kurz- und mittelfristig in Ausrüstung oder Personal?
2. Haben Sie Finanzreserven berücksichtigt?
3. Wie sieht die Umsatz und Kostenentwicklung in den nächsten drei Jahren aus?
4. Gibt es kalkulatorische Kosten (z.B. Ihr kalkulierter Lohn), die zu berücksichtigen sind? Wenn ja, in welcher Höhe?
5. Welche Absatzmengen und Preise haben Sie Ihren Planumsätzen zugrunde gelegt?

6 Wie hoch sind Ihre Mietaufwendungen?

7 Haben Sie die wichtigsten Risiken durch entsprechende Versicherungen abgedeckt?

8 Wie ist die Buchführung im laufenden Betrieb geregelt? Wird diese extern vergeben?

9 Wie entwickelt sich Ihre Liquidität in den nächsten drei Jahren? Liegt eine detaillierte Liquiditätsplanung vor?

10 Welche Eigenmittel und welche Fremdmittel setzen Sie zur Finanzierung ein?

Diese Fehler sollten Sie vermeiden:

- Folgeinvestitionen und ein höherer Personalbedarf in den späteren Jahren wurden nicht berücksichtigt.
- Entscheidende Kostenarten und Abschreibungen sind nicht erfasst.
- Es wurde vergessen, die Lohnnebenkosten in die Kalkulation einzubeziehen.
- Die Planung berücksichtigt die Vorsteuer/Mehrwertsteuer nicht.
- Es sind keine Reserven vorgesehen, auf die bei verspätetem Forderungseingang oder gar einem Ausfall zurückgegriffen werden kann.
- Es wurde übersehen, dass das Unternehmen aufgrund der Planzahlen nach einer bestimmten Zeit überschuldet ist.

Risikobewertung und alternative Szenarien

Die Umsetzung einer Geschäftsidee, ist immer mit Risiken verbunden. Diese können im Unternehmen selbst oder vom Markt entstehen und lassen sich nicht generell ausschließen. Aber eine genaue Planung und das Bewusstsein, dass im einen oder anderen Fall Gefahren bestehen, mildern die negativen Folgen erheblich ab. Eine kontinuierliche Beobachtung Ihres Unternehmens und des Marktes ist daher zwingend erforderlich.

Risiken im Unternehmen können beispielsweise entstehen, wenn

- das Produkt nicht rechtzeitig zur Serienreife entwickelt werden kann,
- eine Marketingkampagne viel teurer wird als ursprünglich geplant,
- ein wichtiger Mitarbeiter das Unternehmen plötzlich verlässt.

Marktseitige Risiken entstehen, wenn

- Sie durch einen Konjunktureinbruch Ihre Absatzziele deutlich verfehlen,
- wichtige Rohstoffe oder Bauteile aus dem Ausland aufgrund von Zollproblemen nicht rechtzeitig eintreffen,
- sich die Zulassung Ihres Produkts bei einer Genehmigungsbehörde erheblich verzögert,

- ein Großkunde ausstehende Rechnungen nur mit viel Verspätung bezahlt,
- ein wichtiger Vertriebspartner nicht wie geplant mit Ihnen zusammenarbeitet,
- Sie durch veränderte Wechselkurse Ihre Preise anheben müssen.

Zeigen Sie in diesem Kapitel auf, welche Risiken Sie konkret bei Ihrem Vorhaben sehen, und zählen Sie gleichzeitig die Gegenmaßnahmen auf, die Sie ergreifen wollen.

Beispiel für eine Chancen-Risiko-Darstellung

> Zeit bis zum Vertragsabschluss bei einem Unternehmen, das eine Lösung für Großkonzerne anbietet:
>
> Risiko: Großkonzerne haben einen langen Entscheidungsprozess. Wir gehen davon aus, dass vom ersten Kontakt bis zur Vertragsunterzeichnung neun bis 15 Monate vergehen. Durch die zahlreichen Personen, die in die Entscheidung einbezogen werden müssen, kann dieser Zeitraum allerdings auch schnell anwachsen.
>
> Chance: Dieser lange Entscheidungsprozess hat den Vorteil, dass mit einem Großkonzern, der einmal als Kunde gewonnen wurde, eine sehr lange und stabile Partnerschaft entstehen kann. Denn gerade weil die Unternehmen sich ihre Partner sehr genau aussuchen, werden sie nicht so schnell auf eine andere Lösung umsteigen. Dies bedeutet für zukünftige potenzielle Konkurrenten eine erhebliche Markteintrittsbarriere.

Um Risiken zu simulieren, hat sich die sogenannte Szenario-Technik bewährt. Sie macht es möglich, die zukünftige Geschäftsentwicklung unter unterschiedlichen Annahmen darzustellen. Dabei gehen Sie wie folgt vor:

1. Prüfen Sie Ihr Konzept anhand von Faktoren, die in der Regel kritisch sind, wie Absatzmenge, Preis, Marktwachstum, Kosten, Einkaufspreise, Entwicklungszeitraum, Liquiditätseingang, Zeitraum bis zur Kundengewinnung nochmals genau auf ihre Realitätsnähe. Wenn Sie zu dem Schluss kommen, dass Sie weder zu positiv noch zu negativ geplant haben, ist dies der Normalfall bzw. das Real-case-Szenario. Diese Werte sind die Grundlage für alle im Businessplan gemachten Angaben. Auf dieser Basis muss er logisch nachvollziehbar sein.

2. Nun verändern Sie wichtige Faktoren so, dass sie sich gegenüber dem Normalfall schlechter entwickeln als geplant. Also z.B., dass nicht so viele Produkte verkauft werden können oder dass der kalkulierte Preis aufgrund einer Rabattschlacht nicht gehalten werden kann. Stellen Sie die veränderten Faktoren und die Auswirkung auf Ihre Planung genau dar. Hierbei handelt es sich dann um den ungünstigsten Fall bzw. das Worst-case-Szenario.

3. Zum Schluss verändern Sie die entscheidenden Faktoren gegenüber dem Normalfall positiv. Zeigen Sie auch hier, wie sich das auf die Geschäftsentwicklung auswirkt. Jetzt haben Sie das Best-case-Szenario, den günstigsten Fall.

Achten Sie bei allen Szenarien besonders auf Ihre Liquiditätsplanung, die Gewinn- und Verlustplanung und den Break-Even-Punkt. Wie verschieben sich die Werte? Ist auch im schlechtesten Fall die Liquidität des Unternehmens noch ausreichend lange gesichert? Normalerweise reicht hier als Softwareunterstützung ein Tabellenkalkulationsprogramm.

Mit der Planungssoftware, die am Markt vorhanden ist, lassen sich auch komplexe Sachverhalte einfach und Zeit sparend darstellen.

Betrachten Sie diese Szenarien-Betrachtung nicht als lästige Pflicht. Sie hilft Ihnen, ein echtes Gespür für Ihr Geschäftsmodell zu entwickeln. Außerdem wissen Sie dann, welche Faktoren für Ihren Erfolg entscheidend sind und wann Sie reagieren müssen, um Schieflagen zu überwinden.

Erfolgs-Check: Kapitel Risikobewertung

Ein gut ausgearbeitetes Kapitel zum Thema Risikobewertung und alternative Szenarien beantwortet folgende Fragen:

1. Wann ist der Break-Even-Punkt erreicht?
2. Welche Chancen und Risiken bestehen für Ihr Vorhaben?
3. Wie wirken sich die Chancen und Risiken auf Ihren Geschäftsplan aus?
4. Wie reagieren Sie konkret auf die Chancen und Risiken?
5. Wie sieht Ihre 3-Jahres-Planung im günstigsten und ungünstigsten Fall aus?
6. Wie können Sie Ihre Liquidität sicherstellen, auch wenn es bei den Zahlungseingängen zu Verzögerungen kommt? Und für wie lange?

Diese Fehler sollten Sie vermeiden:

- Alternative Szenarien sind weder verbal noch grafisch dargestellt.
- Auf die Chancen und Risiken wird nicht eingegangen.

So beginnen Sie die Umsetzung

Geschafft! Ihr Plan ist fertig. Nun geht es darum, ihn in die Realität umzusetzen. Ab jetzt müssen Sie andere Personen und Institutionen, z.B. Kapitalgeber, Förderinstitute oder intern die Geschäftsführung, von Ihrer Idee überzeugen. Gehen Sie gut vorbereitet in die Gespräche und Präsentationen. Wir zeigen Ihnen, wie Sie

- eine To-do-Liste erstellen
- eine Kurzfassung Ihres Businessplans erarbeiten
- Ihre Präsentation erstellen und vortragen
- externe Geldquellen erschließen

Das sind die ersten Schritte

Besonders in der Anfangszeit müssen Sie viele Dinge möglichst gleichzeitig erledigen. Am besten schreiben Sie sich diese Arbeiten und Termine gesondert in einer sogenannten Todo-Liste auf. Als technisches Werkzeug eignet sich ein Tabellenkalkulations- oder Schreibprogramm, z. B. Word bzw. Excel. Und so gehen Sie vor:

1 Legen Sie eine Tabelle mit folgenden Spalten an:

 laufende Nummer, Aufgabe, konkrete Unteraufgabe, verantwortlich, zu erledigen in Abstimmung mit ..., Starttermin, Endtermin, Erledigungsgrad (25 %, 50 %, 75 %, 100 %)

2 Sammeln Sie in einem Brainstorming alle Aktivitäten, die anstehen, und tragen Sie diese in die Tabelle ein.

3 Priorisieren Sie die einzelnen Tätigkeiten nach einer ABC-Systematik. A-Aufgaben sind dabei die wichtigsten Punkte, die zu erledigen sind, B-Aufgaben die weniger bedeutsamen und bei C-Aufgaben können Sie sich etwas Zeit lassen. Aber Achtung: Mehr als ein paar A-Projekte sind erfahrungsgemäß nicht gleichzeitig zu schaffen. Prüfen Sie daher genau, was für Ihren Businessplan die höchste Priorität hat.

4 Teilen Sie die Aufgaben in einzelne Teilschritte ein. Diese sollten Sie schon sehr konkret formulieren. Der Zeitaufwand zur Abarbeitung je Unterpunkt sollte weniger als acht Stunden betragen.

Beispiel für eine To-do-Liste für eine Messeteilnahme

 Bei der Umsetzung einer Messeteilnahme definieren Sie als Aufgaben: Messestand, Vertrieb, Werbung. Als Unteraufgaben zu Messestand werden dann definiert: Standplatz buchen, Messestandaufbau beauftragen, Technik klären, Standbesetzung planen, Werbemittel festlegen, Powerpoint-Präsentation erstellen, Produktmuster versenden, Messekontaktbogen erstellen, Logo und Schriftzüge herstellen lassen.

1 Bestimmen Sie für jeden Punkt, wann mit ihm begonnen werden soll und bis wann er erledigt sein muss.
2 Benennen Sie immer einen Verantwortlichen.
3 Sortieren Sie die Aufgaben nach dem Anfangszeitpunkt.

Versuchen Sie das erste halbe Jahr Ihres Vorhabens auf diese Weise möglichst genau vorwegzunehmen. Für den Zeitraum danach genügt eine grobe Auflistung der To-do's. Mehr als zwei Jahre im Voraus brauchen Sie sich Ihre Aufgaben nicht zu überlegen.

An den Aktivitätenplan sollten Sie sich soweit es geht halten. Allerdings ist es immer eine Gratwanderung, den Plan einerseits möglichst genau umzusetzen, andererseits aber auf veränderte Rahmenbedingungen zu reagieren und den Ablaufplan anzupassen. Mit der Zeit werden Sie auch den Zeitbedarf realistischer ansetzen, der anfangs fast immer zu optimistisch geschätzt wird.

Ihre To-do-Liste sollten Sie mindestens wöchentlich überprüfen. Reservieren Sie sich dafür am besten einen festen Termin in der Woche, damit Sichtung und Anpassung in der

Hektik des Tagesgeschäfts nicht untergehen. Als ideal haben sich Freitagnachmittag oder Montagmorgen herausgestellt. An beiden Tagen haben Sie die Möglichkeit, die Aktivitäten der vergangenen Woche zu bewerten und auf Basis des Plans die neue Woche zu strukturieren.

Bereiten Sie eine Kurzfassung vor

Jetzt wird es spannend. Nach den vielen langen Stunden am Schreibtisch kennen Sie Ihren Plan nun in- und auswendig. Um erfolgreich zu sein, müssen Sie nun Ihr Vorhaben „verkaufen".

Das mag für manche etwas befremdlich klingen. Sofort schießen Gedanken wie „Ich will doch niemandem etwas aufschwatzen" durch den Kopf. Das verlangt auch niemand. Aber egal, wie Sie es drehen und wenden: Ihre dringlichste Aufgabe ist es nun, andere von Ihrem Konzept zu überzeugen und für Ihren Plan zu werben.

Der Elevator Pitch – alles auf einen Blick

Je nach Größe Ihres Unternehmens müssen Sie nun mit Banken, Venture Capital Firmen, Business Angels, Fördereinrichtungen oder möglichen Geschäftspartnern sprechen. Nur so können diese auf Ihre Idee aufmerksam werden. Beim ersten Kontakt werden Sie vermutlich nur wenig Zeit zur Verfügung habe, um Ihr Geschäftsmodell vorzustellen. Daher ist es wichtig, auf die entscheidende Frage „Worum geht es?" schon entsprechend vorbereitet zu sein. Am besten wappnen

Sie sich für diesen Fall mit einem sogenannten Elevator Pitch, also einer mündlichen bzw. schriftlichen Kurzpräsentation.

Stellen Sie sich folgende Situation vor: Sie haben um 8 Uhr einen Termin mit Ihrem Firmenkundenberater bei Ihrer Hausbank, um die Verhandlungen über einen Kredit fortzusetzen. Die Bank hat ihren Sitz in einem Hochhaus. Sie kommen morgens an den Aufzug, um in den 20. Stock zu fahren. Als Sie in den Lift einsteigen, steht der Vorstandsvorsitzende der Bank vor Ihnen. Sie wissen, Ihr Firmenkundenberater legt ihm Ihre Unterlagen zur Entscheidung vor. Die Tür schließt sich. Ihr Gegenüber fragt Sie höflich: „Was führt Sie in unsere Bank?" Nun sollten Sie in der Lage sein, Ihr Vorhaben während der kurzen Fahrt im Aufzug (Elevator) in wenigen Sätzen so zu präsentieren, dass der Vorstand Ihre Anfrage später bewilligt.

Leitfragen und Beispiele für Ihre Kurzbeschreibung

Der Elevator Pitch ist eine auf wenige Sätze verdichtete Beschreibung Ihres Geschäftsvorhabens. Darin müssen Sie schnell und kompakt folgende Fragen beantworten:

1. Worum geht es bei Ihrem Unternehmen?
2. Welcher Markt wird bedient?
3. Wie groß ist der Markt?
4. An wen wird verkauft?
5. Was ist Ihr Produkt oder Ihre Dienstleistung? (Hier reicht eine kurze Beschreibung)

6 Wie und womit wird bei dem Vorhaben Geld verdient?

7 Was zeichnet Ihr Managementteam aus? Denken Sie dran: Die meisten Investoren investieren in Menschen, nicht in Ideen!

8 Welche Konkurrenz gibt es?

Einen Elevator Pitch zu erstellen, ist keine einfache Sache. Sie sollten versuchen, mit weniger als 200 Wörtern auszukommen. Die Schwierigkeit ist, alles so zu komprimieren, dass nachher noch jemand versteht, worum es geht. Auch hier gilt: Probieren Sie Ihre Präsentation bei Bekannten, Freunden oder Verwandten aus. Fragen Sie, ob verstanden wurde, was Sie meinen.

Wenn Ihre Kurzbeschreibung fertig ist, sollten Sie sie auswendig lernen. Dann können Sie jederzeit, ob bei telefonischen Kontakten oder beim Mittagessen mit einem potenziellen Investor, über Ihr Vorhaben kompakt Auskunft geben.

Die folgenden drei Beispiele zeigen, worin sich gute von schlechten Kurzbeschreibungen unterscheiden:

Beispiel eines detailverliebten Technikers

> Wir haben eine Software zur dialektunabhängigen Sprachsteuerung von Haushaltsgeräten entwickelt. Drei Personen haben diese zwei Jahre lang mit der Open-Source-Gemeinde über das Internet entwickelt. Diverse C+ Komponenten wurden hier zusammen mit einem R/CM-System und Directory Technologien verbunden.

Ein potenzieller Investor denkt sich bei solcher Beschreibung: Mag ja sein, dass er gut entwickeln kann, aber Kunden wird er so nicht finden.

Beispiel eines oberflächlichen Verkäufers

> Um seine Haushaltgeräte zu bedienen, wird bald niemand mehr einen Knopf drücken müssen. Man kann unsere Software auf der ganzen Welt verkaufen. Wenn Sie bei uns investieren, werden Sie es nie bereuen. Sie werden reich werden.

Ein potenzieller Investor denkt sich bei solcher Beschreibung: Und worum geht es eigentlich? Dass ich reich werden kann, haben mir schon vorher viele Typen erzählt.

Beispiel eines fokussierten Unternehmers

> Die von uns entwickelte Software zur dialektunabhängigen Sprachsteuerung von Haushaltsgeräten ist marktreif. Wir haben einen Entwicklungsvorsprung von ca. zwei Jahren. Das Programm könnte schon heute bei den meisten Geräten aufgespielt werden. Bei von uns exemplarisch ausgewählten Hausgerätegruppen können im Durchschnitt 20 Prozent aller beweglichen Bedienteile eingespart werden. Die Reklamationsrate bei unseren Kunden durch fehlerhafte Teile sinkt um 50 Prozent. Damit nehmen auch die Produktionskosten um 25 Prozent ab. Die drei größten Hausgeräteproduzenten haben erste Testinstallationen positiv bewertet. Bei Planerfüllung rechnen wir nach 2,5 Jahren mit dem Break-Even

Ein potenzieller Investor denkt sich bei solcher Beschreibung: Sehr gut. Er hat sich sehr detailliert mit der Technik, den Kunden und dem Markt beschäftigt. Diesen Businessplan möchte ich mir im Detail durchlesen.

So erstellen Sie Ihre Präsentation

Mit Ihrem Elevator Pitch sind Sie inhaltlich sehr gut gewappnet. Mit etwas Glück werden Sie dann bald zu einem ausführlichen Gespräch oder einer ersten Präsentation vor einem Gremium eingeladen. Auch darauf müssen Sie sich natürlich gut vorbereiten. Dazu gehört zum einen eine sauber aufbereitete Präsentation. Zum anderen müssen Sie sich persönlich und fachlich für das erste Treffen präparieren.

Aufbau

Bevor Sie mit der Umsetzung Ihrer Präsentation beginnen, sollten Sie sich zunächst über den gewünschten Aufbau Gedanken machen. Den roten Faden für den Vortrag bildet natürlich Ihr Businessplan. Dennoch sollte vor dem fachlichen Einstieg eine Einleitung stehen. Folgender Ablauf hat sich für Präsentationen bewährt:

1 Einleitung: Begrüßung, Vorstellung (bei Teams sollten auch die anderen Teammitglieder vorgestellt werden), Vorstellung der Gliederung

2 Hauptteil (analog der Kapitel des Businessplans): Beschreibung der Ausgangslage (Kundenbedarf), Beschreibung Ihrer Lösung, Kundennutzen, Verbesserung gegenüber dem Wettbewerb, Umsatz- und Gewinnplanung

3 Schluss mit Dank für die Aufmerksamkeit

In den meisten Fällen reicht die Zeit gerade dazu aus, die Zusammenfassung Ihres Businessplans zu präsentieren. Fassen

Sie sich daher lieber etwas kürzer. Mehr als zehn bis 15 Minuten sollten Ihre Ausführungen nicht dauern. Wenn Sie in dieser Zeit überzeugt haben, werden die Zuhörer oder Ihr Gesprächspartner ohnehin konkret nachfragen, sofern sie zum einen oder anderen Punkt noch Einzelheiten wissen wollen.

Grafische Gestaltung

Natürlich gibt es viele Möglichkeiten, Ihren Vortrag visuell zu untermauern: vom Flipchart über den Overheadprojektor bis zur Pinnwand. Bei Businessplan-Präsentationen hat sich allerdings die Aufbereitung mithilfe eines Präsentationsprogramms wie z.B. Powerpoint bewährt. Es bietet vielfältige Vorteile:

1 Es ist möglich, Produktbilder einzubinden, die Sie mit der Digitalkamera aufgenommen haben.

2 Auch kleine Filme, die das neue Produkt oder die Dienstleistung im Einsatz zeigen, lassen sich integrieren.

3 Sie müssen kein großartiges Präsentationsequipment mit sich tragen, da sich die Folien mithilfe eines Laptops fast überall zeigen lassen.

4 Drucken Sie Ihre Präsentation aus, das ist ein ideales Hand-out für die Zuhörer.

5 Die vielen Funktionen in der Software ermöglichen Ihnen Inhalt und Aufbereitung der Darbietung je nach Zielgruppe, Gesprächspartner und der jeweiligen Situation anzupassen.

Bei der Gestaltung Ihrer Powerpoint-Präsentation sollten Sie auf folgende Punkte achten:

1 Legen Sie für alle Folien ein einheitliches Layout fest.
2 Schreiben Sie nur kurze Sätze mit möglichst nicht mehr als zehn Wörtern. Pro Folie sollten nicht mehr als sieben Zeilen stehen.
3 Die Schriftgröße für den Text sollte mindestens 20 pt, für die Überschrift mindestens 24 pt betragen.
4 Verwenden Sie für Listen u. Ä. Aufzählungszeichen.
5 Bringen Sie jede Information in einem eigenen Satz unter. Drücken Sie sich dabei einfach und verständlich aus.
6 Vermeiden Sie zu viele bunte Farbspiele. Achten Sie auf eine einheitliche Gestaltung, d.h., legen Sie alle Überschriften in der gleichen Farbe an.
7 Der Hintergrund sollte möglichst hell sein, die Schrift dann schwarz oder dunkelblau.
8 Benutzen Sie klare Schriftarten (Arial oder Times). Verzichten Sie auf verspielte Schriften.
9 Schreiben Sie in Groß- und Kleinbuchstaben. Nur Großbuchstaben zu verwenden ist wenig lesefreundlich.
10 Erstellen Sie nicht zu viele Folien.

Erfolgreich präsentieren

Ihre Präsentation ist nun erstellt. Jetzt müssen Sie sich noch mental auf den Termin vorbereiten. Das mag manchem vielleicht übertrieben erscheinen. Aber ebenso wie ein Bobfahrer vor der Fahrt jede Kurve des Eiskanals schon einmal im Geiste durchfährt, ist es auch für Sie wichtig, sich auf den Vortrag oder das Gespräch mental und körperlich einzustellen. Wenn Sie Ihren Vortrag zum ersten Mal halten, sollten Sie ihn vorab vor dem Spiegel üben. Vielleicht stellt sich auch eine Person Ihres Vertrauens als Testpublikum zur Verfügung. So können Sie direkt Feedback einholen. Zur Vorbereitung sollten Sie sich folgende Fragen stellen:

1. Wie wird das Gespräch oder die Präsentation wahrscheinlich ablaufen?
2. Welche Fragen muss ich beantworten können?
3. Wie wirke ich vor Publikum?
4. Wie sind meine Kleidung und mein Äußeres?

> Wenn Sie nicht wissen, wohin mit den Händen, wenden Sie einen bewährten Rednertrick an: Halten Sie während des Vortrags einen Stift in der Hand. Den können Sie im Bedarfsfall auch als Zeigestock benutzen.

Die nachfolgende Liste fasst die wichtigsten Tipps für eine gelungene Präsentation zusammen. Wenn Sie sich daran halten, kann nichts mehr schief gehen:

Tipps für eine gute Präsentation

- Halten Sie unbedingt die Redezeit ein. Damit verhindern Sie, dass Sie mitten im Vortrag aufhören müssen, obwohl die wichtigsten Punkte erst noch kommen. Klären Sie vorher, wie viel Zeit Ihnen gewährt wird. Um ein Gefühl für die Länge zu bekommen, sollten Sie den Vortrag mindestens einmal üben.

- Bleiben Sie ruhig und gelassen und sprechen Sie mit lauter und deutlicher Stimme. Halten Sie sich ruhig und aufrecht. Wedeln Sie nicht mit den Händen in der Luft.

- Achten Sie auf Ihr Äußeres. Wenn Sie nicht gerade ein Aktionskünstler sind und dies der Inhalt Ihres Businessplans ist, sollten Sie eher dezent gekleidet auftreten. Dies gilt auch für die Frisur.

- Stellen Sie sich auf Ihre Zuhörer ein. Halten Sie nicht immer den gleichen Vortrag, sonst klingen Sie irgendwann eintönig. Passen Sie sich Ihrem Publikum an. Oft reichen schon andere Beispiele, um eine höhere Aufmerksamkeit zu erzielen.

- Halten Sie stets Blickkontakt zu Ihrem Gesprächspartner. Sofern es sich um mehrere Personen handelt, lassen Sie den Blick öfter einmal „wandern".

- Überlegen Sie vorher, welche Fragen kommen könnten. Wenn Sie keine Zeit zur Vorbereitung hatten, ist es besser, den Termin zu verschieben.

- Auch wenn Sie sich als noch so genialen Unternehmer sehen: Bleiben Sie sachlich und treten Sie Ihrem Gegenüber mit Respekt entgegen. Nehmen Sie Kritik an Ihrem Plan nicht persönlich.
- Vermeiden Sie Witze. Denn wenn man das persönliche Umfeld des Gesprächspartners nicht kennt, kann so etwas schnell zum Fettnapf werden.

Hinweis: Im TaschenGuide „Präsentieren" finden Sie weitere wertvolle Informationen zu diesem Thema.

Externe Geldquellen erschließen – darauf schauen Investoren

Alle Vorbereitungen sind nun abgeschlossen, die ersten Gesprächstermine mit Banken, Investoren und Fördereinrichtungen stehen an. Vor einer Entscheidung, mit wem Sie in nähere Verhandlungen treten, sollten Sie sich nun über die verschiedenen Möglichkeiten der Finanzbeteilung noch einmal Gedanken machen.

Jede Form der Geldbeschaffung hat Vor- und Nachteile. Generell können Sie zwischen folgenden Finanzierungsformen wählen:

1 Fremdkapital
2 Eigenkapital
3 Sonderform des Eigenkapitals: Risikokapital
4 Öffentliche Fördermittel

Fremdkapital – Kredite von Banken und Förderinstituten

In dem Moment, in dem Sie einen Kredit bei der Bank oder ein Förderdarlehen bei einem entsprechenden Institut aufnehmen, finanzieren Sie einen Teil Ihrer Unternehmensgründung mit Fremdkapital. Dafür bezahlen Sie dann regelmäßig Zinsen. Meist wird das Kreditinstitut Sicherheiten von Ihnen verlangen, um ihre Forderung gegen Ausfall zu schützen. Oftmals haften Sie in einem solchen Fall mit Ihrem persönlichen Vermögen. Machen Sie sich diesen Umstand sehr bewusst: Sollten Sie mit Ihrem Gründungsvorhaben scheitern, bürgen Sie ganz oder teilweise für die Bankschulden Ihrer Firma. Achten Sie bei der Kreditaufnahme immer besonders auf die Laufzeiten Ihrer Verbindlichkeiten. Eine goldene Regel besagt, dass Güter mit einer langen Lebensdauer auch über langfristige Darlehen finanziert werden sollten, solche mit einer kurzen Lebensdauer über kurzfristige Kredite.

Eigenkapital – investieren Sie in Ihre Ideen

Wenn Sie oder das Gründungsteam selbst über ausreichend Finanzmittel verfügen, können Sie Ihr Unternehmen zunächst mit Eigenkapital finanzieren. Sobald Sie Ihr Erspartes in Ihr Geschäft investieren, verzichten Sie zumindest kurzfristig auf Erträge, die Sie an anderer Stelle für eine Geldanlage bekämen. Sie zahlen aber auch keine Zinsen oder Tilgung an eine Bank, bei der Sie sich verschulden müssten. Allerdings: Misslingt Ihr Vorhaben, ist das eingesetzte Geld unrettbar verloren. Der große Vorteil bei der Eigenkapitalfinanzierung: Sie sind selbst der Eigentümer und können daher Ihre Entscheidungen unabhängig von Dritten treffen. Einen gewissen Eigenkapitalanteil müssen Sie immer in Ihr Unternehmen einbringen, sonst werden Sie Schwierigkeiten haben, Geldgeber zu finden.

Risikokapital – Sonderform des Eigenkapitals

Eine besondere Form der Eigenkapitalfinanzierung ist die Beteiligung durch Wagnisfinanzierer oder sogenannte Venture Capitalists (VCs). Diese bringen Risikokapital (Venture Capital) in Ihr Unternehmen ein. Solche Einlagen stammen in der Regel von privaten oder institutionellen Investoren, z. B. Fondsgesellschaften, Versicherungen oder auch Industriekonzernen. Im Gegenzug zur Beteiligung erhalten die VCs vertraglich ein Mitspracherecht bei wichtigen Firmenentscheidungen zugesichert. Da diese Kapitalgeber reguläre Teilhaber sind, tragen sie auch entsprechend ihrem Anteil das finanzielle Risiko.

Wenn Sie Venture Capitalists an Bord haben, sollten Sie sich darüber im Klaren sein, das dies keine Partner auf Ewigkeit sind. Deren Ziel ist es, nach drei bis fünf Jahren Gewinn bringend wieder aus Ihrem Unternehmen auszusteigen. Dabei werden dann die Anteile an einen anderen Investor verkauft oder das Unternehmen wird mittels eines Going-publics an die Börse gebracht. Im Fachjargon wird beides als Exitstrategie bezeichnet.

> Sobald die Gespräche mit Risikokapitalgeben konkreter werden, sollten Sie sich genauer über die Exitstrategie Ihres potenziellen Partners erkundigen. Das erspart Ihnen später böse Überraschungen.

Neben der finanziellen Beteiligung durch Eigenkapital bieten VCs noch weitere Vorteile. Da diese am Wachsen der Firmen, in die sie Geld investiert haben, interessiert sind, können Sie als Unternehmer oft auf vielfältige Unterstützung bauen. Viele Wagniskapitalgeber helfen dem Management der Firmen auch in anderen Bereichen, z. B. durch

1. finanzielle Beratung,
2. Ideen, Anregungen und Unterstützung bei Managementaufgaben,
3. Vermittlung von Kontakten,
4. Entwicklung der Unternehmensstrategie.
5. Teilweise helfen sie auch bei der Personalsuche und bei der Beschaffung von Marktinformationen.

Für Investoren sprechen vor allem folgende Faktoren dafür, sich mit Risikokapital an einem Vorhaben zu beteiligen:

- Kompetentes Managementteam: Alle Investoren legen größten Wert auf das Managementteam bzw. die Gründerpersönlichkeit. Dabei ist unternehmerische Erfahrung wichtiger als beispielsweise ein akademischer Titel, Teamarbeit wichtiger als Einzelgängertum. Wenn Sie sehr komplexe Projekte planen, holen Sie sich für jeden Bereich einen Spezialisten in das Managementteam.

> Der Vollständigkeit halber muss leider auch erwähnt werden, dass auch gute Ideen abgelehnt werden, sofern der Kapitalgeber nicht davon überzeugt ist, dass der Gründer auch die Fähigkeit hat, das Vorhaben umzusetzen. Denn letztlich werden Geschäfte immer zwischen Menschen gemacht („Every business is people business"). Das Vorhaben steht und fällt mit den Fähigkeiten des Gründers.

- Klarer Kundennutzen: Idealerweise besteht dieser darin, dass die Kosten beim Kunden durch den Produkt- oder Dienstleistungseinsatz sinken. Wenn dagegen die Kosten beim Kunden steigen, müssen Sie nachweisen, dass der zusätzliche Aufwand für Ihre Abnehmer in einem guten Verhältnis zum Nutzen, der er durch Ihre Lösung erhält, steht.

- Innovatives Produkt: Produkt oder Dienstleistung sollte in der vorliegenden Form bisher noch nicht am Markt vorhanden sein.

- Technischer Vorsprung: VCs wollen sehen, dass die Konkurrenz Ihr Produkt oder Ihre Dienstleistung nicht ohne weiteres kopieren kann. Das ist z. B. dann der Fall, wenn ein Patentschutz vorliegt. Achten Sie darauf, dass Sie Ihre Wettbewerber richtig einschätzen, um Vertrauen zu schaffen.

- Großer oder wachsender Markt: Dieser Punkt ist Voraussetzungen dafür, dass das Unternehmen seinen Umsatz schnell ausbauen kann.

- Exitstrategie: Zeigen Sie bereits in den ersten Gesprächen die Möglichkeiten auf, wie der Risikokapitalgeber wieder Gewinn bringend aussteigen kann.

Öffentliche Fördermittel – Geld vom Staat

Ein weiterer Baustein für die Finanzierung Ihres Vorhabens sind die öffentlichen Fördermittel. Sie dienen als Ersatz für Eigen- und/oder Fremdkapital. Allerdings ist es nahezu unmöglich, die Programme von Europäischer Union, Bund, Ländern, Kommunen oder anderen staatlichen und halbstaatlichen Einrichtungen ohne fachmännischen Rat zu durchschauen. Zu groß ist ihre Zahl und zu vielfältig sind die Bedingungen, die teilweise an die Auszahlungen geknüpft sind. So gibt es Mittel für spezielle Branchen, für besondere Regionen oder solche, die konkret Unternehmerinnen fördern. Wieder andere Programme sind mit bestimmten Forschungsschwerpunkten verknüpft.

> Achtung: Sie dürfen mit der Umsetzung des Vorhabens, das gefördert werden soll, erst anfangen, wenn die Genehmigung der Fördereinrichtung vorliegt.

Informieren Sie sich auf jeden Fall bei Ihrer Bank oder einem spezialisierten Berater über die Möglichkeiten, Unterstützung vom Staat zu erhalten. Insgesamt können die öffentlichen Fördermittel in folgende Kategorien eingeteilt werden:

- Eigenkapitalhilfen: Diese verbreitern durch nachrangige Darlehen die Eigenkapitalbasis der Unternehmen.
- Sonderkredite: Der Kreditgeber gewährt günstige Zinsen und übernimmt anteilig das Haftungsrisiko.
- Investitionszulagen: Mit festen Zuschüssen werden vor allem innovative (Forschungs-)Projekte gefördert.

Wenn Sie für Ihr Vorhaben Fördermittel beantragen wollen, sollten Sie sich an einige Regeln halten, die für alle Programme gelten:

- Es gilt das Hausbankprinzip, d.h. Sie müssen Ihre Anträge über die Bank stellen.
- Manche Förderprogramme schließen sich gegenseitig aus. Erkundigen Sie sich, welche Kombination für Sie die günstigste ist.
- Ein Unternehmen, das nur zum Nebenerwerb dient, kann nicht gefördert werden.
- Fördermittel gibt es nur, wenn sich der Gründer mit Eigenkapital und die Bank mit einem Kredit am Vorhaben beteiligen.

Für wen ist welche Finanzierungsform geeignet?

Je nachdem, wie Ihr Vorhaben konkret aussieht, werden Sie einen individuellen Finanzierungsmix benötigen. Die folgende Tabelle gibt einen Überblick, welche Mittelherkunft in welchen Branchen vorherrscht:

Zusammenhang Branche – Finanzierungsform

Gründungsbranche	Typische Finanzierungsform
Handwerk	Eigenmittel, Eigenkapitalhilfsprogramme, Fremdkapital (Banken)
Handel	Eigenmittel, Eigenkapitalhilfsprogramme, Fremdkapital (Banken)
Standarddienstleistung	Eigenmittel, Eigenkapitalhilfsprogramme, Fremdkapital (Banken) teilweise auch Venture Capital
Innovative Dienstleistung	Venture Capital und öffentliche Förderprogramme teilweise auch Fremdkapital
Hightech-Produkte	Venture Capital und öffentliche Förderprogramme

Eine allgemein gültige Aussage zum Finanzierungsmix, also in welchem Verhältnis beispielsweise das Fremdkapital zum Eigenkapital, Risikokapital oder den Fördermitteln steht, ist nicht möglich. Auch hier gilt: Sprechen Sie mit anderen Gründern, wie diese ihre Finanzierung aufgebaut haben. Holen Sie sich externen Rat von Gründungsberatern und Banken. Mit der Zeit werden Sie selbst durch die vielen Gespräche und die konkreten Angebote ein Gefühl für den idealen Finanzierungsmix entwickeln.

Lassen Sie sich von Absagen von Kreditinstituten, VCs oder Förderinstituten nicht entmutigen. Auch Entscheider in diesen Einrichtungen sind nur Menschen, die auch mal Fehler machen. Eine gute Idee zum richtigen Zeitpunkt mit durchdachtem Geschäftskonzept und einem fähigen Gründer hat sich noch immer durchgesetzt.

Wertvolle Adressen

Öffentliche Institutionen

- Bundesministerium für Wirtschaft und Technologie: www.bmwi.de
- Gründungen aus der Arbeitslosigkeit: www.arbeitsagentur.de
- Fördermöglichkeiten für Gründer bei der KFW-Bankengruppe: www.kfw.de

Kontakte zu Kammern und Verbänden

- Bundesverband der deutschen Volksbanken und Raiffeisenbanken: www.bvr.de
- Deutscher Sparkassen- und Giroverband: www.sparkassen-finanzgruppe.de
- Bundesverband deutscher Banken e.V.: www.bankenverband.de
- Bundessteuerberaterkammer: www.steuerberaterkammer.de
- Industrie- und Handelskammern: www.dihk.de
- Handwerkskammern: www.zdh.de
- Hauptverband des Deutschen Einzelhandels: www.einzelhandel.de
- Bundesverband der Freien Berufe: www.freie-berufe.de

- Technologie- und Gründerzentren beim Bundesverband Deutscher Innovations-, Technologie- und Gründerzentren e.V. (ADT): www.adt-online.de
- Bundesweite Gründerinnenagentur: www.gruenderinnenagentur.de
- Gründungsmanagementlehrstühle im deutschsprachigen Raum: www.fgf-ev.de
- Kontakte zwischen Privatinvestoren und Unternehmen/ Business Angels Netzwerk Deutschland e.V. (BAND): www.business-angels.de

Businessplanwettbewerbe

- VDI/VDE Innovation + Technik GmbH, Steinplatz 1, 10623 Berlin, Tel.: 030 310078-123
  E-Mail: info@gruenderwettbewerb.de
  www.gruenderwettbewerb.de
  überregionaler Wettbewerb mit Schwerpunkt Multimedia, wird im Auftrag des Bundesministeriums für Wirtschaft und Arbeit veranstaltet.
- evobis GmbH, Agnes-Pockels-Bogen 1, 80992 München, Tel.: 089 3883838-0, Fax: 089 3883838-88
  E-Mail: info@evobis.de, www.evobis.de
  lokaler Businessplan-Wettbewerb der Region München
- start2grow, Wirtschaftsförderung Dortmund, dortmund-project, Töllnerstraße 9-11, 44122 Dortmund
  Tel.: 0800 4 782 782, Fax: 0800 2 367 868
  E-mail: info@start2grow.de www.start2grow.de
  lokaler Gründungswettbewerb der Stadt Dortmund

- Deutscher Gründerpreis Projektbüro, Charlottenstraße 47, 10117 Berlin,
  Tel.: 0 30 2 02 25-5134, Fax: 0 30 2 02 25-5131
  E-Mail: deutscher-gruenderpreis@dsgv.de
  www.deutscher-gruenderpreis.de
  größter überregionaler Unternehmerwettbewerb in Deutschland
- NUK Neues Unternehmertum Rheinland e.V.,
  Hahnenstr. 57, 50667 Köln, Tel.: 0221 226-2222
  Fax: 0221 226-5988
  E-Mail: info@neuesunternehmertum.de
  www.neuesunternehmertum.de
  regionaler Businessplanwettbewerb für den Großraum Köln
- Businessplan-Wettbewerb Berlin-Brandenburg,
  Wettbewerbsbüro in der Investitionsbank Berlin,
  Bundesallee 210 (Eingang Regensburger Straße),
  10719 Berlin
  Tel.: 030 212521-21, Fax: 030 212521-20
  E-Mail: businessplan@ilb.de
  www.b-p-w.de
  regionaler Businessplan-Wettbewerb der Region Berlin-Brandenburg.
- f.u.n. netzwerk|nordbayern GmbH, Neumeyerstraße 48, 90411 Nürnberg, Tel.: 0911 59724-8000
  Fax: 0911 59724-8049
  E-Mail: info@netzwerk-nordbayern.de
  www.netzwerk-nordbayern.de
  regionaler Businessplan-Wettbewerb der Region Nordbayern

Impressum

Bibliografische Information der Deutschen Nationalbibliothek
Die Deutsche Nationalbibliothek verzeichnet diese Publikation in der Deutschen National-
bibliografie; detaillierte bibliografische Daten sind im Internet über http://www.d-nb.de
abrufbar.

Print: ISBN: 978-3-648-03031-8 Bestell-Nr.: 01333-0001
ePub: ISBN: 978-3-648-03032-5 Bestell-Nr.: 01333-0100
ePDF: ISBN: 978-3-648-03033-2 Bestell-Nr.: 01333-0150

Prof. Dr. Joachim Tanski, Andreas Schreier, Steffen Thoma, Axel Singler
Selbstständigkeit wagen
1. Auflage 2012

© 2012, Haufe-Lexware GmbH & Co. KG, Munzinger Straße 9, 79111 Freiburg
Redaktionsanschrift: Fraunhoferstraße 5, 82152 Planegg/München
Telefon: (089) 895 17-0
Telefax: (089) 895 17-290
Internet: www.haufe.de
E-Mail: online@haufe.de
Redaktion: Jürgen Fischer

Lektorat: Gisela Fichtl, Cordula Natusch
Satz: Beltz Bad Langensalza GmbH, 99947 Bad Langensalza
Umschlag: Kienle gestaltet, Stuttgart
Druck: CPI – Ebner & Spiegel, Ulm

Alle Angaben/Daten nach bestem Wissen, jedoch ohne Gewähr für Vollständigkeit und
Richtigkeit.
Alle Rechte, auch die des auszugsweisen Nachdrucks, der fotomechanischen Wiedergabe
(einschließlich Mikrokopie) sowie der Auswertung durch Datenbanken oder ähnliche
Einrichtungen, vorbehalten.

Autoren

Dipl.-Kfm. Dr. Joachim Tanski

Professor im Fachgebiet Rechnungswesen und Steuern an der Fachhochschule Brandenburg und langjähriger Fachautor mit zahlreichen Veröffentlichungen in der Haufe Gruppe. Einer seiner Arbeitsschwerpunkte ist die Beratung von kleineren und mittleren Unternehmen speziell bei der Existenzgründung.

Dipl.-Bw. (FH) Andreas Schreier

Nach Abschluss der Berufsausbildung Studium der Betriebswirtschaftslehre, mehrjährige Tätigkeit in der Unternehmensberatung sowie im Qualitätsmanagement kleinerer Unternehmen und im Vertrieb.

Dipl.-Bw. (FH) Steffen Thoma

Nach der Ausbildung zum Industriekaufmann und Studium der Betriebswirtschaftslehre mit anschließender Weiterbildung zum Bilanzbuchhalter langjährige Tätigkeit in verschiedenen kleinen und mittelständischen Unternehmen in den Bereichen Finanzbuchhaltung, Personal und Steuern.

Von Joachim Tanski, Andreas Schreier und Steffen Thoma stammt der erste Teil dieses Buches.

Axel Singler

Bankausbildung und Studium der Betriebswirtschaftslehre mit Schwerpunkt Marketing. Als Projektleiter etablierte er für die Sparkassen zusammen mit McKinsey & Company und der

Zeitschrift „Stern" den Vorgängerwettbewerb des Deutschen Gründerpreises, den Gründerwettbewerb „StartUp". Mitarbeit an diversen Businessplänen für Firmengründungen, Umstrukturierungen und für innovative Produkte in Unternehmen.

Von Axel Singler stammt der zweite Teil dieses Buches.

Weitere Literatur

„Die Vorsorgemappe für Selbständige", von Susanne Christ, 246 Seiten, EUR 29,80.
ISBN 978-3-448-08611-9, Bestell-Nr. 01047

„Schnelleinstieg Buchführung", von Gerhard Fröhlich, 230 Seiten, mit CD-ROM, EUR 24,80.
ISBN 978-3-448-09527-2, Bestell-Nr. 01142

„Mein Businessplan" von Uwe Herzberg, 214 Seiten, mit CD-ROM, EUR 16,80.
ISBN 978-3-448-09340-7, Bestell-Nr. 00196

„Erfolgreiche Existenzgründung" von Reinhard Bleiber, 336 Seiten, mit CD-ROM, EUR 29,80.
ISBN 978-3-448-09294-3, Bestell-Nr. 00248

Frei und überzeugend sprechen

Ob im Beruf oder privat – ein guter Vortrag schafft Vertrauen und Sympathie. Dieser TaschenGuide unterstützt Sie und zeigt, wie Sie Ihr Lampenfieber beherrschen und Ihr Publikum fesseln!

€ 8,95 [D]
256 Seiten
ISBN 978-3-648-02714-1
Bestell-Nr. E00991

Jetzt bestellen!
www.haufe.de/bestellung
📞 0800/50 50 445 (kostenlos)
oder in Ihrer Buchhandlung

HaUFE.

Small Talk als Karrierefaktor

Gekonnt plaudern und Sympathien gewinnen. Mit einem lockeren Small Talk können Sie nützliche Kontakte auf angenehme Weise verknüpfen. Die Autoren zeigen Ihnen, wie es geht!

€ 8,95 [D]
256 Seiten
ISBN 978-3-648-03438-5
Bestell-Nr. E00994

Jetzt bestellen!
www.haufe.de/bestellung
0800/50 50 445 (kostenlos)
oder in Ihrer Buchhandlung

HAUFE.